Dime qué sientes

Divulgación

Biografía

El doctor Jesús Martín Fernández (@dr.jmartinfdez), neurocirujano y neurocientífico cognitivo, se ha convertido con tan solo treinta años en un referente mundial en la neurocirugía: ha creado el primer test basado en IA (e-Motions test) para identificar y preservar, en vivo, el procesamiento emocional del paciente. Desde entonces ha operado en diferentes partes del mundo para expandir su técnica de cirugía despierta, descrita como mapeo cognitivo multimodal en tres pasos. Estudió Medicina en la Universidad de La Laguna e hizo la residencia en Neurocirugía en el Hospital Universitario Nuestra Señora de Candelaria, donde ahora es Jefe de Departamento. Además, cursó estudios de guitarra clásica, composición y orquestación, y dirección de orquesta con el maestro Roberto Montenegro. En 2021 fue el neurocirujano más citado del mundo gracias a su investigación sobre cómo los distintos estilos musicales modulan la actividad cerebral, publicada en *Neuroscience*. Especializado en cirugía despierta para tumores cerebrales, es una de las figuras internacionales que están impulsando un cambio de paradigma en la disciplina, junto con su mentor, el prestigioso doctor Hugues Duffau, con quien se formó durante dos años. Su defensa de un cerebro dinámico y flexible, que redefine la visión tradicional de las áreas elocuentes por la paradoja de la no-localidad de las funciones cognitivas, está transformando la comprensión actual de la neurociencia.

Dr. Jesús Martín-Fernández

Dime qué sientes

Diario de un neurocirujano
Pacientes despiertos, las 5 dimensiones
del cerebro y un cambio de paradigma

PAIDÓS

La lectura abre horizontes, iguala oportunidades y construye una sociedad mejor.
La propiedad intelectual es clave en la creación de contenidos culturales porque
sostiene el ecosistema de quienes escriben y de nuestras librerías.
Al comprar este libro estarás contribuyendo a mantener dicho ecosistema vivo y
en crecimiento.
En **Grupo Planeta** agradecemos que nos ayudes a apoyar así la autonomía creativa
de autoras y autores para que puedan seguir desempeñando su labor.
Dirígete a CEDRO (Centro Español de Derechos Reprográficos) si necesitas fotocopiar,
escanear, distribuir o poner a disposición algún fragmento de esta obra (www.cedro.org;
91 702 19 70 / 93 272 04 45).
Queda expresamente prohibida la utilización o reproducción de este libro o de cualquiera
de sus partes con el propósito de entrenar o alimentar sistemas o tecnologías de inteligencia
artificial.

© Jesús Martín-Fernández, 2024
© de todas las ediciones en castellano,
Editorial Planeta, S. A., 2024
Paidós es un sello editorial de Editorial Planeta, S. A.
Avda. Diagonal, 662-664 08034 Barcelona, España
www.paidos.com
www.planetadelibros.com

Adaptación de la cubierta: Booket / Área Editorial Grupo Planeta
Imagen de la cubierta: © Nines Mínguez
Ilustraciones del interior: © Javier Pérez de Amézaga Tomás, 2024
Primera edición en Colección Booket: enero de 2026

Depósito legal: B. 20.978-2025
ISBN: 978-84-08-31394-6
Impreso en España

Para mis padres,
por amarme y luchar por mis sueños.

Para mi mentor, Hugues Duffau,
por darme el punto de apoyo que necesitaba para mover el mundo.

Para mis amigos Gabriel y Pedro,
por ser luz y toma a tierra cada vez que he perdido el rumbo.

En el medio del odio me pareció que había dentro de mí un amor invencible. En medio de las lágrimas me pareció que había dentro de mí una sonrisa invencible. En medio del caos me pareció que había dentro de mí una calma invencible.

Me di cuenta, a pesar de todo, de que en medio del invierno había dentro de mí un verano invencible. Y eso me hace feliz. Porque no importa lo duro que el mundo empuje en mi contra, dentro de mí hay algo mejor empujando de vuelta.

EL VERANO, ALBERT CAMUS

Sumario

Prólogo

En un mundo que va deprisa, que ha perdido el norte, donde se hace cada vez más difícil luchar por un sueño y encontrar un punto de apoyo… de pronto me sentí el ser más afortunado. No por haber logrado nada, porque no hemos demostrado apenas nada, pero sí hemos dado un paso adelante. Me gustaría hablar con el yo de hace siete años para decirle que no sufra tanto por todo. Que con el trabajo duro siempre llega la recompensa, que merece la pena remar hacia el otro lado del río. Y le agradezco a ese yo el ser capaz de empujarse a sí mismo, contra la corriente, contra todo. Porque remar al otro lado del río no es una decisión siquiera, es algo que sientes muy dentro de ti. Y vas a por ello. Así que tenemos la responsabilidad de perseguir esa luz al otro lado cuando la vemos, aunque no esté bien visto defender tus ideas con el alma cuando eres joven.

La gente joven no puede alzar la voz como le gustaría. No solo en la neurocirugía, no. Hablo de la vida, en todos los ámbitos. Y eso lo sé porque lo estoy viviendo. Quizás no tengamos treinta años de experiencia, es cierto, pero sí una ilusión que nos desborda, que nos empuja hacia delante aceptando las consecuencias. Para mí, es la necesidad imperiosa de entender cómo funciona el cerebro, de descifrar cómo una masa de neuronas de 1500 gramos puede dar lugar a la mente humana, de cómo de ahí se forma una personalidad, una emoción, un sentimiento. Y es que creo que sin entender esto, no vamos a lograr comprender por qué necesitamos dar un paso más para mejorar la calidad de vida de nuestros pacientes. No creo que quedarnos impasibles y rendirnos ante la complejidad del cerebro nos lleve a ningún lado, me niego. Aceptaré que no sé nada y seguiré buscando.

Este diario es para quienes crean que es imposible encontrar un motivo para cruzar al otro lado del río. Sí lo hay. Y creo que sí se puede cruzar, o al menos yo lo estoy intentando. Da igual lo turbulenta y fría que esté el agua, solo necesitamos un punto de apoyo y con eso podremos intentar mover el mundo. Así que, con la misma incertidumbre que el lector, sin saber qué pasará, reúno en este diario lo que me fue sucediendo a lo largo del año 2023. Prometo compartir los éxitos y los fracasos, desde la satisfacción del ahora hasta la angustia del qué pasará mañana. La realidad, al fin y al cabo.

INTRODUCCIÓN
Al otro lado del río

1 de febrero de 2023. Hospital del Mar, Barcelona. 23.00 h

Suena «Al otro lado del río», de Jorge Drexler, mientras veo pasar mi vida en *flashes*. Al fondo oigo la máquina de café sacando las últimas gotas de un expreso, el cuarto del día. Es hora de dormir, pero mi corazón sigue yendo a más de cien latidos por minuto. Hoy he cerrado un círculo. Hoy he operado a Yolanda aplicando un test que hemos creado ayudándonos de Inteligencia Artificial para intentar llegar hasta sus emociones y conservarlas. ¡Hemos llegado hasta las emociones! ¡En el cerebro de una paciente mientras extraíamos el tumor y ella estaba despierta! Hoy hemos visto en tiempo real cómo las emociones se colapsaban y cómo la paciente, durante cuatro segundos, dejaba de ser capaz de ver qué emoción presentaban los avatares que le mostrábamos en el test. En ocasiones, durante la estimulación cerebral, Yolanda no era consciente de que fallaba el test, es decir, dejaba de ser consciente de sí misma y perdía la capacidad de evaluarse. Transitoriamente. Eso me permitía identificar y respetar esas regiones para no extraerlas junto con el tumor. Pero hoy no he operado solo a Yolanda, hoy también he operado a mi tío.

Falleció hace siete años a causa de un tumor cerebral, localizado en el lóbulo temporal derecho de su cerebro. Nunca más volvió a ser él mismo. Nunca pudo volver a sentir como antes, a crear música, a tocar la guitarra, a sentir placer escuchando la quinta de Shostakóvich, a emocionarse con un abrazo. ¿Por qué a nadie le importó? ¿Por qué la neurocirugía no se preocupaba por esto? ¿Por qué solo nos preocupaba que el paciente hablara y se moviera? ¿Por qué?

Entender la complejidad del cerebro fue mi obsesión desde que empecé la carrera de Medicina. Recuerdo las clases de anatomía del sistema nervioso: todo iba de memorizar regiones cerebrales y saber de qué se encargaba cada una de ellas. ¿De verdad? Pero si ya desde principios del siglo XX, con las aportaciones del neurólogo francés Pierre Marie, la neurociencia empezó a intuir que la única forma de que el cerebro generara las funciones cognitivas era funcionando a modo de redes eléctricas paralelas que llevaban la información nerviosa, y que estas interactuaban y se reconfiguraban cada segundo para adaptar nuestros comportamientos ante estímulos externos. ¡El cerebro es un sistema eléctrico complejo y constantemente cambiante!

No fue hasta cuarto de Medicina cuando tuve las prácticas de neurocirugía en el Hospital Universitario de Canarias. Quedé completamente fascinado con la especialidad. Recuerdo ver la cirugía de la paciente que sufría de epilepsia que no respondía a medicamentos y que le incapacitaba la vida. La manera en la que el doctor Marín nos explicó su forma de proceder, haciendo que casi pareciera fácil, cambió algo dentro de mí. Salí de aquellas prácticas, un día cualquiera de octubre de 2013, sabiendo que quería ser neurocirujano. Lo que no sabía es que tres semanas después iba a llamar al doctor Marín para decirle que acababan de diagnosticar a mi tío de un tumor cerebral, a la persona que me enseñó la música y de las primeras a las que admiré. No entendía nada de todo aquello. ¿Por qué? Quizás la vida me estaba poniendo un obstáculo y a la vez una señal: ES AQUÍ.

Han pasado casi diez años desde que lo operaron y hoy siento que lo he conseguido: nuestro test funciona. Al aplicar durante cuatro o cinco segundos un estímulo eléctrico directo e indoloro sobre el cerebro, hemos podido preguntar en tiempo real a la mente de Yolanda si esa zona era crítica o no para el reconocimiento de emociones en las caras de los avatares. Hemos extraído el tumor incluso en aquellas regiones que siguen considerándose inoperables por ser críticas para el procesamiento emocional, como el cíngulo, esa puerta gigante que recorre el cerebro desde delante hasta detrás y por la que entra y sale información emocional de forma constante. Lo hemos hecho.

Sigue sonando Jorge Drexler en bucle, «rema... rema... rema... creo que he visto una luz al otro lado del río». Y aquí estoy. Así me siento.

Pero antes, permítanme contarles la verdad: estaba aterrorizado. Entré en el quirófano a las 8.46 h tras repetir junto al equipo toda la estrategia y haberle preguntado por quinta vez a la neuropsicóloga de mi equipo, Natalia, si estaba todo en orden. El día anterior habíamos adaptado el test de reconocimiento de emociones a Yolanda, nuestra paciente. La emoción humana es tan compleja que es necesario afinar lo máximo posible. Cada uno puede ver una emoción o sentirla de una forma distinta, así que le mostrábamos las diferentes emociones y comprobábamos su forma de reconocerlas e interpretarlas. Estaba todo listo. Gloria Villalba, la neurocirujana coordinadora del Servicio de Neurocirugía del Hospital del Mar, quien me había invitado a Barcelona para operar en equipo este caso, lo había dispuesto todo a la perfección. Cuando entré en el quirófano solo pensé: «Aquí hay demasiada gente». Tres cámaras, estudiantes de Medicina, médicos rehabilitadores, neuropsicólogos del Instituto Guttmann... Todo aquello era un verdadero reto para mí —yo, el del miedo al fracaso—. Sabía que la gente llevaba semanas hablando de lo que íbamos a hacer: una cirugía con la paciente despierta para extirpar un tumor ubicado en el hemisferio derecho intentando preservar las emociones en tiempo real, a través de un nuevo test. Un test que comencé a diseñar en la soledad de mi habitación, el primero creado para analizar el reconocimiento emocional en vivo adaptado específicamente para la cirugía despierta. Algo que no se había hecho nunca de esta forma. Hasta ahora.

A pesar de los miedos, sentí en todo momento una absoluta confianza en lo que llevaba meses diseñando. En el momento justo antes de empezar la cirugía, recordé la última frase con la que me despedí de allí donde me formé como neurocirujano, el Hospital Universitario Nuestra Señora de Candelaria: «Me voy porque necesito entender cómo funciona la mente, no solo operar cerebros». Y esta frase conllevaba una gran responsabilidad, en todos los sentidos.

El de la neurocirugía es un universo complejo. No está muy bien visto que te guste más averiguar la función cerebral que tener los guantes llenos de sangre y líquido cefalorraquídeo después de una cirugía de un tumor en la base del cráneo, pero a mí mover las manos y «sentirme cirujano» no me hacía feliz. Yo quería ir al otro lado del río, quería conocer más de la función cerebral. Sentía que operábamos demasiado y que cada vez entendíamos menos, como si la neurocirugía se hubiera rendido a la complejidad del cerebro. Lo que tampoco está muy bien visto es que otra parte de tu vida la dediques a escribir música para orquesta sinfónica o estudiar dirección de orquesta. «¿Cómo vas a ser artista siendo neurocirujano?», me preguntó una vez uno de mis profesores. Aún me retumba. Me lo repitió cincuenta veces durante cinco años. Pero me mantuve firme. Seguí fiel a mi inquietud de ser… artista, quizás. Y fue así como entendí que el cerebro y la música eran, obviamente, algo que necesitaba ser visto desde una perspectiva artística; que algunas cosas existen más allá de lo que vemos. Y al igual que la música es «algo» que no podíamos tocar o ver, el funcionamiento cerebral en redes y metarredes, tampoco. De hecho, la música no sería música sin un cerebro, no es más que la interpretación que el cerebro te hace sentir ante la vibración de partículas en el aire. Entonces, ¿cómo iba a dejar de ser artista? Adoro crear patrones de sonido en una partitura y generar emociones. Que, por cierto, tampoco se ven, pero existen.

Así que no me rendí. Seguí con la idea de crear algo que nos permitiera preservar las emociones y el comportamiento en los pacientes con tumores cerebrales. O al menos lo iba a intentar. No era solo para honrar la memoria de mi tío y ponerle una medalla a mi ego. Sentía que era mi deber como científico y no buscaba ningún aplauso. Lo mínimo, pensaba, era preocuparnos por el gran porcentaje de pacientes con tumores cerebrales que quedan con déficits en la personalidad, el comportamiento o la forma de ver el mundo tras la cirugía. ¿Por qué todo aquello parecía no importar? ¿Por qué mi tío no pudo tener a nadie que intentara preocuparse por ser el ser humano que era antes de tumbarse en la camilla de quirófano?

Seis meses antes de que empezara todo esto había llegado a Montpellier. Aterrizar allí fue como beber agua cuando estás sediento. Lo había dejado todo en Tenerife. Iba a hacer una estancia internacional durante dos años con el profesor Hugues Duffau, referente mundial en el campo de la cirugía despierta de tumores cerebrales. No había nada en el mundo más importante para mí que conocer al único neurocirujano que en sus artículos científicos se preocupaba por la emoción y la cognición humana. Un científico que empleaba la cirugía despierta como herramienta para llevar la neurocirugía al siguiente nivel: quitar la mayor parte posible del tumor preservando al máximo posible la calidad de vida. Lo veo como aquel ser humano que cruza el río a contracorriente y a nado para celebrar su cumpleaños junto a los pacientes leprosos en la película *Diarios de motocicleta*. El paciente era lo único que le importaba. Por eso sabía que aprender de él era el punto de apoyo que necesitaba para seguir remando hacia el otro lado del río.

CAPÍTULO 1

Preservar las emociones *online*

Todo se había gestado dos meses antes. Sin darme cuenta.

8 de diciembre de 2022. Hospital del Mar, Barcelona. 11.15 h

—Creo que ya hemos extirpado todo el tumor, la vía piramidal está detrás a seis milímetros —me dijo mi colega Gloria Villalba durante la cirugía de Claudio.

—Podemos extendernos un poco más profundos hacia delante, hasta el fascículo longitudinal superior. Al estimularlo, Claudio hará un cambio de idioma involuntario —le respondí, en una especie de sincronía con la que se hacía todo más sencillo. Estaba seguro de lo que estaba diciendo.

Pedí el estimulador eléctrico para mi mano izquierda y mantuve el aspirador quirúrgico en la derecha. Para la conectividad cerebral, es esencial conservar las carreteras profundas que mantienen el cerebro interconectado, y de eso precisamente se encargan los tractos profundos como la vía piramidal o el fascículo longitudinal superior; y la única forma de conservarlos durante la cirugía es identificándolos, sabiendo que están justo ahí. En personas bilingües, al estimular el fascículo longitudinal superior se puede generar un cambio de idioma involuntario (*switching*); es decir, se pierde, durante unos segundos, la capacidad para mantenerse hablando en un idioma y surgen interferencias con los otros.

—Pelota.

—Reloj.

Pedí de nuevo el estimulador para aplicar el estímulo eléctrico en la profundidad y comprobar que allí estaba el cable profundo.

—*Ball*. —Mostramos a Claudio la imagen de una pelota de tenis e hizo un cambio involuntario entre idiomas.

Volví a estimular para estar seguro de que había alcanzado ese límite en la profundidad y así conservarlo, deteniendo allí la cirugía.

—*Table*. —Nuevo cambio de idioma.

—Vale. Ya lo tenemos. Hemos llegado al límite —le dije a Gloria.

Uno de los desafíos de la neurocirugía desde siempre ha sido saber cuándo parar la resección de un tumor, de forma que se alcance un perfecto equilibrio entre el porcentaje de tumor extraído y la preservación de la calidad de vida del paciente.

Sentía que empezaba a tener respuestas a algunas preguntas. Comentar mis inquietudes con Gloria era algo que me hacía bien, me sentía cómodo, y fue ella quien me tendió la mano para operar en Barcelona a Claudio. Era la segunda cirugía del paciente en un año; lo operé anteriormente en Tenerife, unos meses atrás, pero los glioblastomas, muchas veces, no dan tregua y vuelven a crecer rápidamente. Así que pudimos hacer en Barcelona este «rescate» quirúrgico para extirpar de nuevo el tumor. De alguna forma, con Claudio empezó todo.

Cuando Gloria y yo fuimos a tomar algo tras la cirugía, hablamos detenidamente acerca del cerebro y de los proyectos venideros que cada uno tenía.

—¿Qué tal la experiencia con el profesor Duffau? He leído que estás desarrollando un test para el reconocimiento de las emociones durante la cirugía con el paciente despierto —me comentó ella.

—En Montpellier... hay otra forma de ver el cerebro y la mente humana. La cirugía despierta no se limita al lenguaje y al movimiento. Nunca he visto nada igual —le confesé.

En aquel momento ya me obsesionaba esta cuestión. Me parecía algo objetivo que el cerebro no solo era la visión, el movimiento y el lenguaje. Que en cada paciente era, literalmente, un universo diferente. Estaba convencido de que el lenguaje no era la mejor forma de entender a las personas que nos acompañan, son las emociones: la forma en la que reconocemos esas emociones en los otros y las sentimos «en espejo». Es así. Porque lo estudié, pero, sobre todo, porque lo viví en mi propia piel. Y es que el ser humano tiende de forma natural a sentir placer en cada acción que lleva a cabo, perseguimos el placer inconscientemente. Por eso escuchamos música, por eso suena en mis auriculares la *Serenata para cuerdas, Op.48*, de Chaikovski. Somos seres hedonistas. Es parte de nuestra esencia humana.

Recuerdo que, tras la cirugía a la que fue sometido mi tío, él trataba de hacer lo mismo que antes. Intentaba hacer aquello que era su pasión. Cerraba el estuche con su guitarra y subía las escaleras hacia el cuarto de ensayo de nuestro grupo familiar, Los Viejos de La Palma. Él y sus hermanos, entre ellos mi madre, habían conseguido desde la década de 1960 dejar en Canarias un legado de la música folclórica. Aquello era todo lo que sabía hacer. Era su pasión, hacer música, pero ya no sentía placer. De pronto, en medio de un ensayo, dejaba de tocar. Y no decía nada más. Serio, triste. Pasé de que me enseñara a tocar las cuerdas de una guitarra cuando apenas tenía cinco años a decirle: «Tío, tienes la mano izquierda demasiado lejos de las cuerdas, no estás tocando». Como si no se diera cuenta.

—¿Todo bien, tío *Pepepe*? —le preguntaba yo, sabiendo ya lo que sucedía.

—Sí. Todo bien —me contestaba con un gesto bastante neutro en su cara, sin expresión alguna.

Nunca me atreví a preguntarle si él era consciente de lo que pasaba, de que ya no sentía placer, ni siquiera con la música, de que no podía leer las emociones en nuestras caras. O si había notado que ya no daba abrazos como los de antes. Él nos decía que todo estaba bien. Pero no era así, era obvio. Cuando mirábamos su cara, sin apenas expresión, nos dábamos cuenta de que la forma más universal de saber qué le pasa a quien queremos no es a través del lenguaje, sino por las emociones que muestra. Y él no podía mostrar ni leer ninguna en los demás. No te da tiempo de nada cuando te enfrentas a algo así como familiar, ni se te pasa por la cabeza si una red cerebral está funcionando o no, o si junto al tumor se ha extirpado una carretera profunda crucial para el funcionamiento del cerebro. Te limitas a aceptar lo que te ha caído encima.

Pero, por algún motivo, y como estudiante de Medicina de cuarto año, desde aquel 7 de enero de 2014 en que operaron a mi tío, no dejé de pensar una sola vez en qué había pasado. En si en el futuro yo podría hacer algo, aportar algo. Cuando accedía a las bases de datos de artículos científicos, estaban ya descritos los abundantes trastornos emocionales, de personalidad y comportamiento tras la cirugía de tumores cerebrales. Pero no veía ningún atisbo de luz, como si nos hubiéramos rendido a la enfermedad. Por eso, cuando leí lo que el profesor Hugues Duffau estaba investigando y escribiendo junto con su equipo en Montpellier, vi un hilo del que poder tirar, una luz en medio de un absoluto vacío. Supe que algo conseguiría si remaba fuerte. Por pequeño que fuera, algo sucedería. Pero a pesar de esa seguridad que sentía por dentro, me incomodaba la incertidumbre del mañana, me daba miedo intentarlo y fracasar. Y ese niño lleno de miedo nunca ha llegado a desaparecer del todo.

Me leí todo lo que encontré sobre neurociencia de las emociones y el comportamiento humano. Todos los artículos publicados por Duffau. Entendí entonces que en el cerebro no podemos localizar las emociones. Ahí estaba el primer problema. Si no podía localizarlas, ¿cómo iba a preservarlas? Parece una paradoja. No obstante, la neurociencia tenía preparada una de las respuestas más bellas posibles: quizás podría preservar las emociones de alguien comprobando cómo las ve en los demás. A esto se le denomina «cognición social». Aunque es un término complejo, podríamos definirlo como la capacidad de percibir, interpretar y actuar de acuerdo con las emociones y los sentimientos de otras personas. En cierto modo, esto es lo que define quiénes somos y cómo nos comportamos con los que nos rodean. Por lo tanto, encontré en la cognición social como fenómeno cerebral una forma de intentar preservar el procesamiento emocional, y, por ende, el comportamiento. Porque si no reconocemos las emociones en las caras de los demás, o no podemos hacer el ejercicio (casi siempre involuntario) de intuir lo que el otro está pensando, no podemos actuar de una forma adecuada en casa con nuestra familia, en nuestro trabajo...

Pero es cierto que ver una emoción no es lo mismo que sentirla, ¿no? Aún no tenemos la respuesta del todo, porque dependemos de algo que no es tangible: la experiencia subjetiva de cada uno, de lo que cada uno definiría que siente como emoción. No obstante, sí podemos entender que los procesos de ver una emoción y sentirla están, cuando menos, íntimamente relacionados. Y esto tiene que ver con el proceso de empatía. Aunque en el día a día usamos el adjetivo «empático» para decir que un sujeto es capaz de identificarse con alguien y entender sus sentimientos, el proceso de empatía en el cerebro es algo más complejo. Cuando miramos a los ojos a alguien sentimos un todo —la expresión de su cara, su olor, el contexto social en el que estamos, procesamos las sensaciones propias tanto corporales como emocionales— y suceden, en cuestión de segundos, tres subprocesos que se van superponiendo y actuando conjuntamente:

El primero, el nivel perceptivo y más inmediato de la empatía, que es reconocer la emoción que el otro está mostrando: si está enfadado, nostálgico o feliz. El segundo, el nivel de mimetización (del inglés *mimicry* o *embodiment*), que es cómo de alguna forma sentimos esa emoción en espejo, cómo se refleja en nosotros lo que el otro siente. De hecho, si lo pensamos, muchas veces solo con ver la cara de alguien sentimos una emoción que nos recorre el cuerpo, como un nudo en el estómago. Y, por último, aparece el nivel más «cognitivo» o reflexivo, en el que somos capaces de entender la situación social del otro y tomar una decisión a partir de la emoción que estamos percibiendo. Estos tres subprocesos conforman la base de lo que llamamos la «cognición social».

Había encontrado el proceso cerebral por el cual, quizás, podríamos preservar estas funciones mientras el paciente estaba consciente, valiéndonos de un test construido basándonos en esto.

Pero quedaba por responder una pregunta: ¿Dónde están las emociones? ¿Cómo proteger o salvar durante una cirugía algo que no se ve? ¿Qué región proteger? No lo tendríamos fácil, porque no se trata de una región. No podemos seguir pensando que en el córtex prefrontal están la personalidad y las emociones. No es así. Dejemos a un lado la perspectiva «localizacionista», heredada de la frenología, en la que Joseph Gall asociaba cada segmento del cerebro a una función concreta. Así, el área de Broca serviría para emitir el lenguaje, el área de Wernicke para entenderlo, y la corteza prefrontal para el control de las emociones. Pero no es cierto, el cerebro no funciona de ese modo. Es urgente que entendamos que necesitamos redefinir todos estos conceptos. Broca y Wernicke son fruto de un reduccionismo que no existe, que no refleja cómo procesa la información nuestro cerebro. Les quiero contar por qué, paso a paso, ahora que saben el motivo de este viaje.

Una cosa es querer conocer el cerebro «por fuera» —ver cuántos lóbulos tiene, cómo son sus circunvoluciones y sus surcos, sus continentes y sus océanos—; desde ese punto de vista tiene sentido que nos pongan flechitas en los dibujos de cada parte del cerebro. Pero si lo que queremos es entender cómo de esa masa de neuronas se genera la mente humana, la conciencia, las funciones cerebrales... Eso es otra historia. Y para acercarnos a ella necesitamos una visión mucho más amplia, porque desgraciadamente para nosotros (o no), lo esencial es invisible a los ojos.

Todos los libros que se han escrito hablando de las emociones y la corteza prefrontal tienen su origen en el año 1848. Phineas Gage fue un obrero norteamericano de ferrocarriles al que un 13 de septiembre de dicho año, mientras preparaba los explosivos para detonar y crear agujeros en una roca, una barra de hierro de un metro le atravesó la base del cráneo por el lado izquierdo, en la parte frontal, cruzándole literalmente la cabeza. Aunque sobrevivió y en ningún momento perdió la consciencia, su personalidad cambió, y perdió su trabajo y su vida personal y familiar. A partir de ahí, siempre se puso de relevancia que la parte más anterior del lóbulo frontal, es decir, el córtex prefrontal, era la encargada de la personalidad, las emociones y la toma de decisiones. Hoy, gracias a la neurociencia de redes, la neurociencia computacional y los estudios de cirugía despierta, sabemos que la conación —conjunto de funciones relacionadas con los aspectos tendenciales de la personalidad—, la cognición y la emoción humana, es decir, aquello que nos hace ser quienes somos, están muy lejos, quizás demasiado, de ubicarse en un punto fijo, común y universal para todos los cerebros. Para entender este cambio de paradigma respecto de lo que creíamos conocer acerca del cerebro, tenemos que entender un principio básico: las funciones cerebrales complejas (como la atención, las emociones, las funciones ejecutivas o la toma de decisiones) nacen de la interacción entre muchas regiones diversas y distantes a lo largo del cerebro. Pero sincronizadas, actuando en conjunto. Y así pasaríamos a entender el cerebro como un sistema de redes neurales que van reconfigurándose cada segundo para dar lugar a la complejidad de la mente, en lugar de como habitaciones o compartimentos separados e inamovibles. De modo que no, el alma no está en el córtex prefrontal. Las emociones, el comportamiento, la personalidad… son el fruto de la interacción constante y dinámica de múltiples redes entre sí, cada segundo, de forma que podemos generar, inconscientemente, comportamientos dirigidos a cada uno de los diferentes estímulos a los que nos vamos enfrentando.

Tratemos de ver el cerebro como si fuera el planeta Tierra, y miremos desde muy muy arriba (Figura 1). No nos contaron que entre continentes había océanos profundos, ni nos dijeron que, dentro de cada continente, algunas ciudades se iluminan exactamente al mismo tiempo, de forma sincronizada, para dar lugar a las funciones cerebrales. Que Berlín, Tokio y Buenos Aires podrían funcionar sincrónicamente por más que estuviera cada una en un continente. Por lo tanto, nuestro foco a la hora de planificar una cirugía cerebral no hemos de ponerlo en qué continente tengo que salvar (o qué región o compartimento cerebral aislado), como si cada uno de ellos fuera un mundo, sino qué conjunto de ciudades a lo largo de los diferentes continentes del planeta debo mantener para que puedan iluminarse y apagarse sincronizadamente, como una orquesta. Y tener presente que sin los océanos profundos que lo conectan todo, la sincronización entre ciudades desaparecería (Figura 2).

Esta visión dinámica y cambiante a lo largo del tiempo (y quitando algo de *zoom* a nuestra forma de ver el cerebro) permite entender por qué un tumor en el lóbulo temporal derecho o izquierdo puede generar un trastorno en el procesamiento emocional o en el comportamiento. Porque todo está conectado. Literalmente. Si no, no tendría sentido que un tumor lejos del lóbulo frontal tuviese esas consecuencias, ¿no?

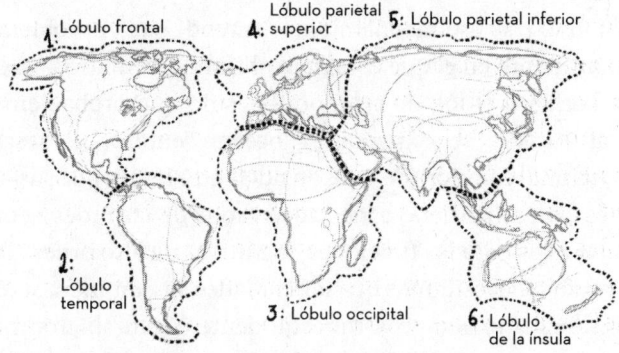

Figura 1. Para entender este cambio de paradigma, es crucial partir de un ejemplo que todos conozcamos, como es el mapa del mundo. Los continentes aparecen como elementos separados y, en medio, los océanos. Si vemos de esta forma el cerebro, cada continente representaría un lóbulo cerebral.

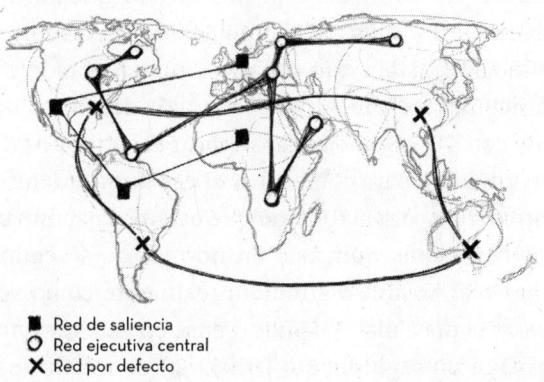

Figura 2. Las funciones nacen de interacciones entre zonas de diversos continentes (esto son las redes neurales), haciendo más complejo el hecho de «localizar» una función cerebral en un punto exacto, ya que es algo que está en movimiento. Conectándolo todo estarían los océanos profundos que mantienen estas redes sincronizadas.

Así que, tras ese razonamiento, entendí que el problema no era el continente en el que estuviera el tumor de mi tío —si era el lóbulo frontal o el lóbulo temporal—, sino que probablemente, junto al tumor, se extirpó un océano entero, el fascículo frontooccipital inferior (de aquí en adelante, IFOF, por sus siglas en inglés), que mantiene conectadas varias de las redes neurales fundamentales para las funciones cognitivas de alto orden. Por lo tanto, no solo necesitamos que las ciudades se iluminen, sino que lo hagan al mismo tiempo. Orquestalmente. Y esta sincronización entre redes neurales depende de esos océanos o carreteras profundas, que iremos desglosando durante este diario.

—¿Y cómo llevas el desarrollo? ¿Cómo será la tarea dentro del quirófano para poder cubrir lo complejo del procesamiento emocional? —siguió preguntándome Gloria.

Mi idea era que, basándome en los test que tratan de medir el reconocimiento de las emociones en enfermedades como la esquizofrenia o el trastorno del espectro autista, que normalmente usan únicamente los ojos para intentar que el paciente identifique una emoción, había que construir uno adaptado a nuestra máxima dificultad en la técnica de la cirugía despierta: contamos únicamente con 4-5 segundos para aplicar el estímulo eléctrico al cerebro del paciente para comprobar si ese punto (dentro de una red) es crítico o no para la función que estamos examinando. Por lo tanto, debería conseguir algo en no más de 4 segundos que fuera lo más real posible y simulara realmente cómo vemos las emociones en el día a día. Así pues, pensé en generar una base de datos mediante un seguimiento (tracking) de todo tipo de emociones sociales o complejas (más allá de la tristeza o la felicidad) realizadas por actores profesionales. Y establecer de alguna forma unas medias que me permitieran decir, de la forma más universal posible, que la melancolía se expresa de tal modo y que un avatar hiperrealista la mostrara en esos 4 segundos. A diferencia de grabar a un actor y nada más, me parecía que podría ser mucho más fiable generar una emoción «media» resultado de muchas emociones expresadas, teniendo en cuenta lo diferente que puede expresar la melancolía la cara de una persona u otra. Y la Inteligencia Artificial nos podía ayudar a generar estos datos.

Pero tenía un problema, claro. O más bien varios. Esto no era Microsoft, no había ni presupuesto ni medios suficientes, aunque yo había empezado ya a trastear con lo poco que teníamos. Sabía que sería un camino largo de constante mejora el crear un test de este tipo, más aún para aplicarlo durante una cirugía y demostrar su validez. El objetivo no era crear un test y tener la panacea, era ir un paso más allá. Ya habíamos conseguido generar avatares hiperrealistas con una representación más que aceptable de cada simple gesto o movimiento de la cara, cada músculo, cada poro... Cada avatar tendría cuatro respuestas posibles de las cuales solo una era correcta y habría treinta avatares con treinta emociones. Se le pasaría el test al paciente el día antes de la intervención tres veces consecutivas, y solo las emociones que viera de la misma forma esas tres veces serían las que luego se le presentarían en el quirófano, para asegurarnos de que dicha emoción se ve de esa manera determinada. Por más que intentemos afinar en cómo representar una emoción, es importante tener en cuenta la variabilidad de cómo vemos el mundo según nuestro estado de ánimo. Y por ello la estadística es una buena aliada. Calculamos la fiabilidad del test en personas sanas, así como la consistencia entre hacer el test un día y hacerlo un tiempo después para asegurarnos de la fuerza de nuestra herramienta.

10 de enero de 2023. París. 10.00 h

Gloria me llama para comentarme un caso que ha ingresado en su hospital. Paciente mujer de 45 años que ha sufrido una crisis epiléptica. Al hacerle una resonancia magnética, se observa un tumor de gran tamaño en el hemisferio derecho del cerebro, infiltrando zonas de vital importancia como el cíngulo y el cuerpo calloso.

—¿Harías este caso mediante cirugía despierta? —me pregunta.

—Si la paciente conserva todas sus funciones cerebrales, querrá decir que el tumor ha ido creciendo lentamente y ha dado tiempo a que haga plasticidad, desplazando las funciones más allá de los límites del tumor, al menos en parte. Podemos intentar monitorizar y preservar la atención, funciones ejecutivas, cognición semántica, procesamiento emocional, lenguaje y movimiento.

Operar un tumor en el hemisferio derecho con el paciente despierto no era lo habitual. Se hacía, sí, pero era y sigue siendo poco frecuente, dado que seguimos enfocados en el lenguaje y el movimiento, y en que el hemisferio dominante es el izquierdo…; en que hay dos zonas para el lenguaje y una para moverse… No hay nada baladí creado en la naturaleza; ningún ser vivo tiene dos lados porque sí. La naturaleza es eficiente, no crea nada si no tiene una función. Y sí: tenemos dos hemisferios cerebrales, y quizás seguir llamando hemisferio dominante al hemisferio izquierdo solo porque alberga una gran parte del lenguaje parece excesivo si atendemos a las consecuencias en las funciones cognitivas (emociones, personalidad y comportamiento) que tienen las cirugías de tumores cerebrales tanto en un hemisferio como otro. ¿Por qué no vemos el cerebro como un todo? ¡Todas las redes neurales son BILATERALES Y ESTÁN EN CONSTANTE INTERCAMBIO DE INFORMACIÓN!

MUY SERIO VOY REMANDO, MUY ADENTRO SONRÍO

1 de febrero de 2023. Hospital del Mar, Barcelona. 09.12 h.

Apreté el pedal para que empezase a caer el agua y hacer el

lavado de manos. Con el correr de cada gota se generaba en mi cabeza el paso decisivo en la vida que tengo delante. No sabía ni a qué temperatura a estaba el agua. Solo que ese sería un día para siempre. Fuera lo que fuese. Para siempre.

Tras el lavado, di veinte pasos hasta el quirófano. Dos cámaras me perseguían. Levanté los brazos para asegurarme de que no tocaba nada y que el enfermero instrumentista me pudiese ayudar a ponerme la bata quirúrgica estéril y los guantes del siete y medio. Me até la bata. Al acercarme al campo quirúrgico, vi que la doctora Gloria Villalba lo tenía todo preparado a la perfección: la posición de Yolanda, el neuronavegador, las etiquetas estériles para colocar sobre las zonas críticas que encontráramos en su cerebro y lo más importante: el estimulador eléctrico. Con eso estaba la orquesta preparada: atriles colocados, luces encendidas.

Al fondo, Juan Fernández, neuroanestesista, manejaba con maestría el complejo equilibrio de la anestesia en este tipo de cirugías. Mantuvimos a Yolanda sedada pero despierta mientras removíamos la parte de su cráneo necesaria para acceder al cerebro. Necesitábamos una «ventana» grande para acceder a este tumor.

Recuerdo sentirlo todo. Sentía cada respiración, escuchaba cada ruido: el aspirador, mi bata al moverme, el sonido que marcaba los latidos del corazón de Yolanda… Era una situación de hiperalerta. De hiperenfoque.

Gloria extrajo el hueso craneal. Al llegar a la duramadre, la membrana que recubre el cerebro, avisamos a Juan para que comenzara a retirar la sedación a Yolanda. Abrimos la duramadre y expusimos el cerebro, ese lugar donde se almacena toda la información de un ser humano y que solo en estas cirugías puede verse así. El alma de tú a tú.

En diez minutos comenzaríamos el mapeo, esto es: las preguntas constantes a la mente de Yolanda para hacer un «mapa» de dónde están los puntos críticos de sus diferentes funciones cerebrales y evaluar por dónde podríamos acceder al tumor.

De pronto, fui consciente de la presión. Hacía menos de seis meses que había acabado la formación como neurocirujano en Tenerife y estaba en un hospital de Barcelona a punto de realizar una cirugía en la que, de alguna forma, se aplicaba algo novedoso. Era la primera vez en todo el mundo que se hacía un test adaptado a la cirugía para preservar el procesamiento emocional, con ayuda de Inteligencia Artificial, el procesamiento 3D avanzado y actores profesionales. Gloria me dio toda la confianza que necesitaba en ese momento. Tenía al lado a alguien con mucha experiencia y me sentía seguro. Yo sabía lo que estaba haciendo y por qué lo estaba haciendo. Pero no tenía ni idea de lo que iba a pasar luego, o de lo que supondría en mi vida. Solo sabía que tenía en mis manos a un ser humano que, al verme, lo único que me dijo fue: «Necesito estar viva para cuidar de mi hijo, me da igual no moverme, o no poder volver a andar; pero quiero seguir siendo yo». Le había dado mi palabra de que así sería. La dificultad en este caso era mucha. El tumor estaba infiltrando una de las estructuras más importantes en la regulación, control y procesamiento de todo lo relacionado con las emociones: el cíngulo. Es como una autopista de cientos de carriles que reciben y emiten grandes cantidades de información emocional; pero, a diferencia de otros océanos profundos, el cíngulo tiene cierta capacidad plástica, de tal modo que consigue adaptarse para desplazar las funciones de forma total o parcial. No es como el IFOF, que debemos detenernos sí o sí al encontrarlo; en el caso del cíngulo hay que comprobar hasta qué punto ha podido desplazar las funciones fuera de él, y así saber si se puede extraer junto con el tumor o no. Y la única forma de saberlo es aplicar un estímulo eléctrico mientras el paciente realiza tareas de reconocimiento de emociones.

—Arresto del lenguaje —me dijo Natalia Navarro, la neuropsicóloga de mi equipo que se había desplazado hasta Barcelona para esta cirugía.

—Vale. Dejo el umbral eléctrico a 2,5 miliamperios. Comenzamos a hacer multitarea con reconocimiento emocional y a la vez movimiento constante del brazo izquierdo. Empieza el test —le dije, en un espacio de tiempo en el que no parecían existir ni el pasado ni el presente ni el futuro. Aún puedo sentirlo. Literalmente así.

—Deseosa… Neutro…

Yolanda iba escogiendo qué emoción iba mostrando el avatar entre las diferentes opciones. No eran emociones nuevas, ya sabíamos cómo veía cada una de ellas para poder comprobar con exactitud si se equivocaba al aplicar el estímulo eléctrico.

—Sorprendido…; satisfecho…; incrédula…

—¡Fallo! —dijo Natalia alzando la voz.

Esperé a que Natalia le presentara cinco emociones más, y luego volví a estimular en el mismo punto.

Silencio.

—¿Qué ha pasado, Yolanda? ¿Por qué no has respondido? —le pregunté, para estar seguro de si el estímulo eléctrico había desencadenado una imposibilidad de reconocer la emoción.

—No lo sé, no he podido reconocerla —me contestó.

Pedí una etiqueta estéril que teníamos diseñada para el reconocimiento de emociones y la coloqué encima de la circunvolución frontal media (véase Imagen 1 en el pliego en color). Miré a Gloria. Natalia me miró a través del campo quirúrgico transparente que habíamos preparado para mejorar la comunicación entre nosotros durante el procedimiento. En aquel momento nadie habló, pero todos pensamos: «Parece que esto funciona». Sí, parecía claro. Esa zona era crítica para el reconocimiento de emociones. Pero no debíamos entender que ese era el punto de una emoción concreta, o que ahí estaban todas las emociones. Se trataba, «solamente», de un punto crítico dentro de una red eléctrica y, como tal, lo preservaríamos.

Yolanda continuó haciendo el test de reconocimiento emocional. Encontramos otra zona crítica, más atrás, que nos complicaba de cierta manera el acceso al tumor. No solo se extendía hasta la profundidad del cíngulo y el cuerpo calloso, sino que además tendríamos que sortear las zonas críticas del «mapa». Tras finalizar otros test, como el test de cognición semántica (asociación de objetos por su significado), obtuvimos el mapa funcional completo de la superficie cerebral. Quedaba la resección del tumor.

En mi cabeza solo estaba la imagen de la familia de Yolanda. Era un pensamiento que no me desconcentraba ni me incomodaba; al contrario, me ayudaba a estar enfocado en lo que estábamos haciendo. La mirada de su hijo de apenas seis años, el abrazo que me dio su padre, sintiendo el dolor de la incertidumbre, esa sensación que yo he vivido tan de cerca... Ese abrazo me lo llevaba conmigo.

Comenzamos la extracción del tumor, teniendo en mente las carreteras profundas (nuestros océanos), que debían ser los márgenes o puntos donde detener la extirpación del tumor para poder preservar la calidad de vida de la paciente.

Sabía que estaba el IFOF en la parte más lateral, subiendo hacia la corteza dorsolateral prefrontal, y atrás, la vía piramidal, la del movimiento.

—Oruga con libélula.

—Fallo de asociación semántica —me avisó Natalia, dado que Yolanda se había equivocado en lugar de relacionar la oruga con la mariposa.

—Vale, tengo el IFOF localizado. Continuamos ya en profundidad hacia el cíngulo.

Teníamos estos límites localizados y preservados, pero faltaba lo más difícil. Nos estábamos acercando al cíngulo.

—Estamos llegando.

Tras más de una hora y media de cirugía, Yolanda empezaba a estar ligeramente cansada. Esto es algo normal. Una de las limitaciones de la cirugía despierta es que el paciente no puede estar más de dos horas y media haciendo tareas a este ritmo, por lo tanto, todo tiene que estar previamente planificado, perfecto, para poder extraer el tumor mientras vas preguntándole y pidiéndole que haga determinadas tareas para comprobar que todo se preserva y funciona correctamente.

—Estamos en el cíngulo, Natalia, pasamos el test —le dije, sabiendo lo crucial que era hacer este paso absolutamente a la perfección. Si extraíamos una parte del cíngulo que no tocaba, las secuelas emocionales y comportamentales podrían ser graves e irreversibles. Era un momento de máxima tensión. En muchos casos, esta zona cerebral se considera inoperable. Pero yo sabía que, por la neuroplasticidad, ese cíngulo probablemente nos iba a dar la oportunidad de extraerlo junto al tumor. Era cuestión de saber qué preguntar y cuándo.

Mano izquierda, estimulador eléctrico bipolar. Mano derecha, aspirador quirúrgico. Voy estimulando y comprobando cada punto del cíngulo mientras aspiro el tumor y Yolanda va realizando el test de reconocimiento de emociones.

—Agradecida...

—Eh... Eh... Seductora.

Yolanda acertaba la emoción, pero empezaba a titubear y a aumentar los tiempos de reacción, es decir, los segundos que pasaban entre que se le presentaba el avatar y decía qué emoción estaba viendo.

Paré de aspirar el tumor y apliqué el estímulo eléctrico.

—Celoso...

—¡Error aquí! —me dijo Natalia.

Volví a estimular para comprobarlo.

—Decepcionado...

—Error de nuevo... Empezamos a perderla, le está cayendo la atención, tarda demasiado.

—Vale. Lo tengo. Paramos aquí —contesté—. Yolanda, ¿cómo estás? ¿Te sientes cansada?

Habíamos alcanzado esa parte del cíngulo donde no había habido, probablemente, neuroplasticidad suficiente. Y esa zona parecía claramente crítica. Pero ya habíamos logrado extraer la mayor parte del tumor… Habíamos terminado la cirugía. Pudimos extraer esa parte del cíngulo.

—Sí, pero sigo si es necesario —me contestó.

Se me encendió algo al ver a una persona luchando de esa forma. Incansable.

—Tranquila. Ya hemos alcanzado los límites, Yolanda. Bien jugado, lo has hecho increíble. Enhorabuena. Te haremos ahora una serie de pruebas muy cortas para comprobar que todo está bien y ya podrás descansar. Ya sabes que vendrán unos días duros, pero en nada estarás bien. Todo ha salido perfectamente. Te lo prometo. Confía en nosotros.

El resto apenas puedo recordarlo. Me sentía más cansado que nunca en mi vida, pero con una satisfacción gigante. El trabajo del equipo había sido increíble y estaba muy agradecido. No sé cómo explicarlo. Solo faltaba esperar a ver la evolución de Yolanda. Sabíamos que los días después de una resección tan extensa y con zonas tan complejas de por medio iba a tener pérdida de fuerza (transitoria) en el lado izquierdo del cuerpo, y cierta tendencia a la inexpresividad y a la apatía, algo más lenta en el procesamiento mental. Creo que es muy importante saber qué va a pasar exactamente antes de hacer la cirugía, para poder hablar con la familia y explicárselo. Cualquier neurocirujano sabe el respeto que impone el cíngulo, una parte del cerebro que pocos se atreven a tocar. Creo que eso pasa en gran medida porque no tenemos suficientes herramientas para comprobar qué partes del cíngulo podemos quitar y cuáles no (por ejemplo, el test que valora el procesamiento emocional); también porque continuábamos viendo el cerebro como algo rígido y modular en lugar de como redes eléctricas. Sí, el cíngulo es vital; clave en varias redes neurales —como la red por defecto y la red de saliencia—, pero asimismo sabemos que el cerebro es plástico, incluso en el cíngulo, y que en cada paciente se redistribuyen las funciones de forma diferente.[1] ¿Cómo extirpar estructuras cerebrales como el cíngulo con el paciente dormido? ¿Cómo? Remando y planificando el «daño controlado» que supone la cirugía, conociendo los límites del cerebro. Sabiendo dónde detener la resección. Y a esa pregunta solo nos responde un cerebro despierto.

Cuando fuimos a ver a Yolanda unas horas después de la cirugía, estaba exactamente como habíamos previsto. Tenía la cara inexpresiva, aunque nos decía que estaba satisfecha, y nos manifestaba el agradecimiento de todas las formas posibles. Es un ser de luz, no tengo dudas. Le pasé el test de reconocimiento emocional, como hice al día siguiente, y como haríamos al mes siguiente, a los tres meses…, para comprobar su evolución en la percepción de las emociones, la personalidad y el comportamiento.

Yolanda acertó exactamente las mismas emociones que antes de la cirugía. Gloria y yo nos miramos, sabiendo que aquel era un día para siempre. Yolanda estaría perfecta en cuestión de días.

Falta mucho. Demasiado. Como toda técnica o herramienta que se emplea en pacientes, necesita validarse con muchos casos y a lo largo del tiempo. Pero hoy ha sido el primero. Y eso también me lo llevo conmigo.

CAPÍTULO 2

El cerebro... ¿Un metasistema en cinco dimensiones?

Hoy sabemos que las neuronas se activan y que están conectadas. Pero no sabemos cómo actúan de forma concertada para gobernar nuestro comportamiento.

PAUL G. ALLEN y FRANCIS S. COLLINS (2013)

28 de febrero de 2023. Tenerife. 09.46 h

Termino de hacerme el lavado de manos. Junto los brazos y abro la puerta del quirófano. Me coloco la bata. El enfermero instrumentista me pone los guantes estériles del siete y medio. Me siento en una silla previamente forrada con equipamiento estéril mientras veo el color rosáceo de la corteza cerebral. Tengo el cerebro delante de mí. El paciente ya está contando del 1 al 10 mientras combina esa tarea con el movimiento repetido de flexionar y extender el brazo. Levanto mi brazo derecho y pido el estimulador, la herramienta para preguntarle al cerebro qué regiones son críticas para el movimiento, el lenguaje, las emociones, la personalidad, la atención... y quitar la mayor cantidad de tumor de forma segura. Más del que hay incluso, si fuera posible. Me imagino las carreteras profundas del cerebro del paciente como los océanos que conectan continentes. Con el estimulador, voy aplicando corriente eléctrica de baja frecuencia, superficialmente, en cada región cerebral cercana al tumor. Tenemos dos horas y media para «monitorizar» las funciones cerebrales del paciente —más allá de ese tiempo, el paciente comienza a sentir fatiga y no es fiable la monitorización. Cada paciente es la carrera más importante de mi vida. Y de la suya. Y de su familia.

—Arresto del lenguaje y del movimiento del brazo derecho —me dice Natalia, la neuropsicóloga de mi equipo.

—Dime qué sientes, Francisco —le pregunto.

—No he podido articular palabra ni mover el brazo por un momento.

—De acuerdo. No te preocupes, es normal. Te hemos estimulado el *ventral premotor cortex* para saber a qué intensidad continuar la estimulación de forma segura —le explico, dándole un suspiro y animándolo a continuar—. Natalia, establezco el límite eléctrico en 2 miliamperios a 60 hercios. Continuemos ahora con tareas de reconocimiento emocional junto con los movimientos del brazo.

Si, como explicamos en el anterior capítulo, las funciones cerebrales más complejas que constituyen la mente de un *homo sapiens sapiens* no están asociadas cada una a un continente —es decir, a un fragmento dividido del cerebro sin relación con los otros—, sino que son redes-ciudades que se van encendiendo de forma sincronizada, lo que nos interesa es localizar qué escalera, de qué casa, de qué ciudad dentro de aquellas que se iluminan es la clave para que todas esas redes estén sincronizadas y funcionen de forma perfecta e integrada. Y así poder preservarlas durante la cirugía. El grado de precisión ha de ser máximo.

La única técnica que, hoy en día, nos permite conocer exactamente estas zonas críticas con precisión es la estimulación eléctrica directa durante la cirugía despierta. El estimulador se pone en contacto ligeramente con el cerebro (ya sea en superficie o en profundidad) y genera una distorsión eléctrica transitoria de la región que estamos tocando. Como hemos dicho, este estímulo no puede aplicarse más de 4-5 segundos, para evitar al máximo el riesgo de inducir una crisis epiléptica. Es importante recordar que el cerebro no posee receptores de dolor, presión o temperatura y, por lo tanto, todo el proceso es indoloro. Al aplicar el estímulo, producimos una desconexión «virtual» de esa parte del cerebro por un instante. Es como si le preguntáramos qué pasaría si extrajéramos esa parte de él. Dado que ya no lo entendemos como un conjunto de módulos apilados, sino como una matriz de conexiones infinitamente compleja, no solo «desconectamos» durante unos segundos ese centímetro cuadrado exacto de cerebro, sino también las zonas con las que esa región está conectada. Nada está aislado en un sistema eléctrico complejo como es nuestro sistema nervioso central.

Cada región está conectada íntimamente con otras regiones alejadas en el espacio. Es por eso por lo que a aquellas regiones que funcionan en sincronía, aunque estén distantes en el espacio, se las llama redes neurales (o sistemas). Se activan en conjunto como si fueran una red para llevar a cabo determinadas tareas. Es como un *ballet*, en el que cada bailarín, en su lugar y posición, está interactuando con los demás para formar figuras a lo largo del tiempo. Todo es movimiento. Todo está sincronizado «funcionalmente» para conseguir el mismo objetivo. Esto es un claro símil de lo que sería una red cerebral: varias regiones distantes actuando en consonancia, cada red interactuando con otras redes. Un ejemplo de estas redes neurales es la red por defecto (*default-mode network*, en inglés; Figura 3), implicada en la capacidad para hacer *insight* (introspección) y reflexionar sobre nuestra cognición (metacognición) y nuestras emociones, en diferenciar la concepción que tenemos del «yo» respecto al ambiente que nos rodea, en leer la mente de la persona que tenemos enfrente... Otra red o sistema neural es la frontoparietal o red ejecutiva central, involucrada en el control cognitivo, por ejemplo, en regular un comportamiento ante un estímulo amenazante, lo cual es básico para nuestra vida

41

diaria... Lógicamente, estas funciones tan complejas no pueden ser realizadas por una sola región cerebral, pero hablaremos de ellas más adelante. Por ahora centrémonos en cómo un simple estímulo eléctrico de 4-5 segundos es una puerta directa hacia la mente humana durante la cirugía despierta.

Volviendo al origen... ¿para qué nos sirve este estímulo eléctrico? ¿Por qué es la clave de la cirugía despierta? Porque nos permite distinguir si esa zona del cerebro, en ese paciente concreto, es crítica o no para cada una de las funciones cerebrales que estamos evaluando.

Asumimos que una región es crítica si al estimularla eléctricamente genera un trastorno o incapacidad transitoria en la tarea que se le está pidiendo realizar al paciente: puede ser de carácter emocional, de decisión ética, de lenguaje, de atención o multitarea, movimiento, etcétera. Por el contrario, todas aquellas regiones que al estimularlas no causan una distorsión en la tarea que está haciendo el paciente las definimos como compensables (o relativas), es decir, que aunque obviamente tienen implicaciones en infinidad de conexiones neurales o circuitos, no serán críticas para que el paciente mantenga esas funciones y, por ende, su calidad de vida, por lo que podremos extirparlas junto con el tumor ya que se compensará al haber respetado las zonas críticas. No obstante, de nada servirá hacerlo si no prestamos atención a aquello que mantiene todo el cerebro interconectado: la sustancia blanca profunda, o lo que hemos llamado «océanos o carreteras profundas de nuestro cerebro». Estos océanos no son más que miles y miles de axones de neuronas que están transportando información de una zona a otra del cerebro o, lo que es lo mismo, entre redes cerebrales. Por lo tanto, es fundamental distinguir lo que es una red cerebral —un ente «invisible», un conjunto de regiones cerebrales dispersas que se activan o desactivan de forma orquestada para llevar a cabo funciones cerebrales— y lo que son los tractos profundos (que llamaremos océa-

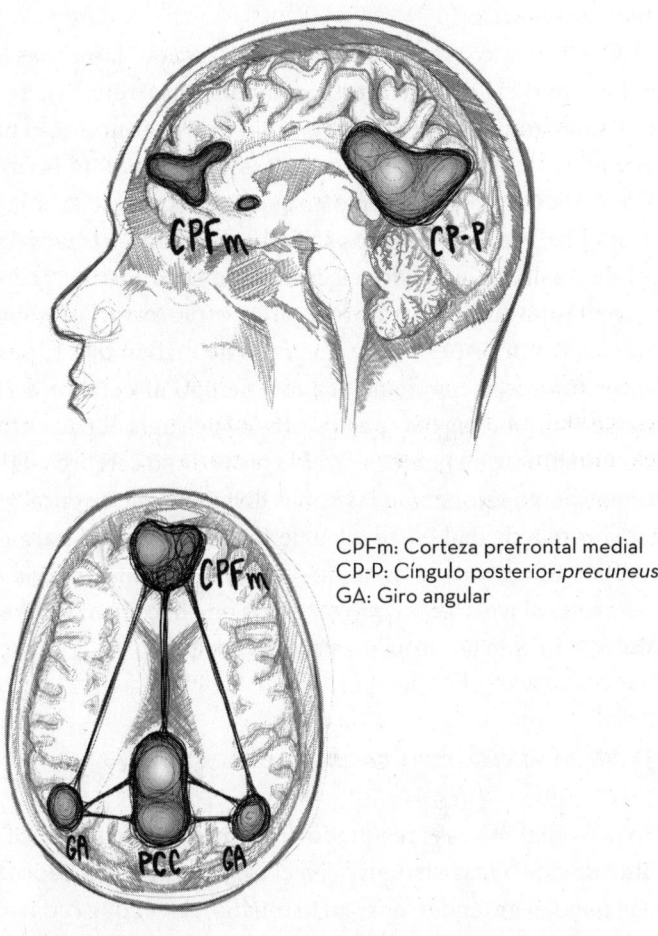

CPFm: Corteza prefrontal medial
CP-P: Cíngulo posterior-*precuneus*
GA: Giro angular

Figura 3. Visión de perfil y visión axial de una ilustración basada en una resonancia magnética donde se muestran activas varias regiones de la red por defecto: corteza prefrontal medial, giro angular y cíngulo posterior-*precuneus*.

nos o carreteras) que mantienen toda la superficie, todas esas redes (ciudades iluminadas a lo largo de los continentes), en perfecta orquestación.

Cumpliendo estos dos criterios (respetar las zonas críticas en la superficie y los tractos profundos o carreteras), se ha demostrado que, aunque tengamos que extirpar durante el proceso, inevitablemente, parte del cerebro sano, este tendrá la capacidad suficiente para restablecerse en poco tiempo gracias a la neuroplasticidad. Se trata de la capacidad del cerebro, a través del tiempo, de trasladar las regiones críticas de sus funciones cerebrales más allá del tumor para protegerlas y preservarlas, sobre todo cuando el tumor tiene un bajo grado de malignidad y, por tanto, bajo ritmo de crecimiento, dando tiempo al cerebro a redistribuirse. Aunque los días posteriores a la cirugía el paciente puede empeorar, porque hemos extraído parte de su cerebro además del tumor, hemos respetado las zonas del puzle que se encargarán de generar plasticidad entre ellas de forma autónoma para reconfigurarse. El cerebro es un animal de adaptación, sin duda alguna. Por eso es clave que, ya que tenemos que hacer un daño, este sea controlado y de la forma más exacta posible.

HACIA UN METASISTEMA EN CINCO DIMENSIONES

Un metasistema es el resultado de la interacción dinámica y constante de dos o más sistemas (en el caso del cerebro, redes y sistemas pueden entenderse como lo mismo), en el que cada uno, a su vez, está formado por diferentes regiones cerebrales sincronizadas. En nuestro día a día llevamos a cabo multitud de tareas simultáneas: nos movemos, percibimos sensaciones corporales, atendemos problemas y buscamos soluciones mientras escuchamos música, que a su vez nos trae a la memoria olores o recuerdos de la infancia... O nos sentamos a sentir el aire fresco y a hacer introspección sobre cómo nos sentimos o a plantearnos el porqué de nuestra existencia... Todo esto es posible gracias a una matriz de conexiones entre redes o sistemas neurales, lo que llamamos conectoma, que ha ido perfeccionándose a lo largo de la evolución para, más allá de poder cazar a especies menos evolucionadas, preguntarnos hasta el porqué del azul del firmamento. Estas redes deben estar siempre en una oscilación perfecta, en un estado en el que la transmisión de información entre ellas esté en un punto máximo de eficiencia, de equilibrio. Imaginemos estas redes cerebrales como una bandada de pájaros algo distinta a lo que estamos acostumbrados: no están todos en pleno vuelo ni posados en su nido, sino que permanecen en una constante mezcla entre el vuelo y el reposo. Si estuvieran todos en reposo, no podrían transmitir la información entre ellos, y si estuvieran todos en pleno vuelo, digamos que el sistema no sería eficiente y la transmisión de información dejaría de ser óptima. A este estado de equilibrio entre estar posados en el nido y en pleno vuelo es lo que denominaríamos metaestabilidad o estado de criticalidad —dos conceptos complejos que vienen del campo de la física—, ese punto exacto en el que las redes se encuentran (y que todavía no acabamos de entender) para que la transmisión de información sea adecuada y dé lugar a nuestra cognición. Cualquier alteración de estas redes neurales, ya sea dentro de una o en la comunicación entre varias (como sucede en el trastorno del espectro autista, en la esquizofrenia o tras un traumatismo craneoencefálico grave), puede conducir a diversos problemas cognitivos.

Todos estos conceptos, aunque arduos, son necesarios para dar un paso más allá en el entendimiento del conectoma humano. Por ello es importante que vayamos más allá de lo que vemos con nuestros ojos, pero basándonos en datos. De modo que debemos sumergirnos en la neurociencia de redes, consultando de vez en cuando (con toda la cautela posible) algunos términos que proceden de la informática, la ingeniería o la física. El conectoma va más allá de circunvoluciones y surcos.

Mi *leitmotiv* es intentar entender, con las limitaciones que supone enfrentarnos al cerebro «desde fuera» como si fuera una masa inmóvil, cómo se generan en él los pensamientos, las emociones, la capacidad de atención... Porque creo que es la única forma de mejorar la calidad de vida de nuestros pacientes. Y para esto es necesario un cambio de paradigma, un cambio para el cual necesitamos herramientas que nos permitan entender cómo ir más allá de identificar las regiones críticas para el lenguaje y el movimiento, tal como se ha ido haciendo hasta ahora. Si hablamos de una función básica y modular como el movimiento, cuando al estimular la superficie cerebral encontramos un punto en el que se mueve el brazo, la boca o la pierna involuntariamente, podríamos concluir que en ese punto hay un conjunto de neuronas que envían la información del movimiento del brazo. Y como todo punto en el espacio, este viene definido por sus tres dimensiones: el eje x —que define cuánto a la izquierda o a la derecha está el punto—, el eje y —que nos dice si el punto está más adelante o atrás— y el eje z —arriba o abajo—. Esto no son más que las clásicas dimensiones de ancho, largo y profundidad. Por ejemplo: -38, -9, 68 podrían ser las coordenadas en las que nuestro paciente tiene la región crítica del movimiento del brazo derecho (Figura 4).

Pero esto no es suficiente para comprender cómo se distribuyen las funciones cognitivas de alto orden en la superficie cerebral. Esas funciones que dan lugar a nuestra mente necesitan otro enfoque. Y es precisamente de esta necesidad de donde me surgió la idea de un modelo de cerebro como un sistema eléctrico en cinco dimensiones, a modo de herramienta conceptual que nos permita entender estas funciones complejas. Bajo este modelo, ese punto donde provoquemos una distorsión o error en el reconocimiento de las emociones, de la atención, de las decisiones

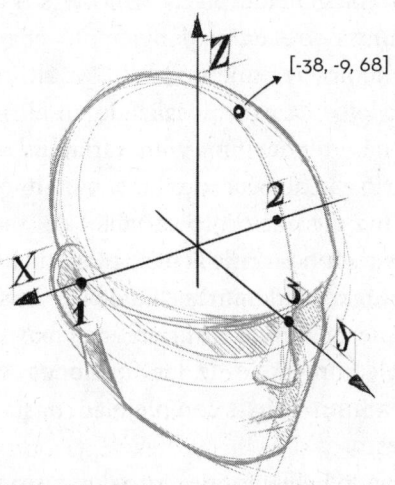

Figura 4. Imagen donde podemos ver las tres coordenadas que definen un punto en el espacio, en este caso, en el cerebro. Cada punto crítico se definirá con coordenada x, y, z. Estas representan las tres dimensiones del espacio.

sobre situaciones sociales, de autoevaluación… no será entendido como la región crítica donde se encuentre esa función. Esa función compleja no está en ese punto, sino que ese punto será una zona crítica dentro de toda una red que se reconfigura constantemente a sí misma, así como con otras redes, para dar lugar a esa función. Esta dinámica constante de las redes de alto orden es lo que permite que, si buscamos ese mismo punto años después —por ejemplo, en una segunda cirugía al mismo paciente—, veamos que se ha desplazado a otro lugar. A esto lo llamaremos la cuarta dimensión (o variable), la variable del tiempo; entendido este tanto a corto plazo —donde varias redes actúan una sobre la otra para adaptarse a cada situación y a cada tarea—, como a largo —cuando se da la mencionada neuroplasticidad: es decir, el cerebro consigue desplazar y mover sus funciones lejos de donde está sufriendo el daño, por ejemplo, cuando se desarrolla un tumor de lento crecimiento—. Y, por último, añadiremos que este punto, lejos de estar localizado en el mismo lugar en todas las personas, tendrá una gran variabilidad entre individuos. Lo contrario a lo que sucede con el movimiento o la visión. Y esta es la quinta dimensión (o variable) del metasistema. En cada cerebro las regiones críticas para cada función cerebral están ubicadas en lugares diferentes cuando las «buscamos» durante la cirugía despierta, siendo la variabilidad mayor a medida que aumentamos la complejidad de las funciones: desde el movimiento como extremo de baja complejidad, hasta las emociones como polo opuesto.

Así pues, cuando hablamos de cinco dimensiones me refiero a las cinco variables que influyen en el sistema, no a las de un agujero negro ni de universos paralelos (ese no es un mundo del que yo pueda hablarles), sino de una forma cuasitangible de comprender que no podemos entender el cerebro como un conjunto de partes donde cada una hace, de forma aislada, una función determinada a modo de mosaico. Como toda hipótesis, la mía se basa en un conocimiento humano, en constante cambio y por ende imperfecto, subjetivo y parcial. Por lo tanto, este modelo, por ahora, solo debe ser entendido como algo conceptual. A continuación, hablaremos de los puntos fundamentales de este modelo.

DEL LOCALIZACIONISMO A LAS METARREDES NEURALES

La pregunta de qué regiones del cerebro hacen qué función lleva preocupando al ser humano desde hace siglos. El anatomista y fisiólogo alemán Joseph Gall, en 1800, fue el referente en este campo al crear la pseudociencia de la frenología, que afirmaba que la personalidad, el carácter, las creencias y las emociones estaban localizados en partes específicas del cerebro, asociando incluso el tamaño del cráneo con diferentes niveles de inteligencia (Figura 5). Influenciado por esta visión «modular» y «fija» del cerebro, el médico francés Paul Broca escribió en 1861 «que un daño neurológico que afecte a la tercera circunvolución (o giro) frontal izquierda causa incapacidad para articular palabras». Unos años más tarde, el alemán Carl Wernicke insistió en el concepto describiendo «un daño que causó una alteración en la comprensión de las palabras» en la parte posterior y superior del lóbulo temporal izquierdo.

En la misma línea de pensamiento que la descrita, surgiría la asociación del córtex prefrontal a las emociones y la personalidad tras el caso de Phineas Gage que hemos comentado en el capítulo anterior. Hoy, gracias a las neurociencias computacionales, a la neurociencia de redes y a los estudios de cirugía despierta del equipo del profesor Duffau, sabemos que la conación, la cognición y la emoción humana —es decir, aquello que nos hace ser quienes somos—, están muy lejos, quizás demasiado, de esa visión del cerebro. No, las emociones no están en el lóbulo frontal; el lenguaje no está en dos regiones cerebrales. El cerebro funciona como un «todo» flexible y autoorganizado (todo esto lo iremos discutiendo y explicando en cada uno de los siguientes capítulos a través de las cirugías que veremos). Las emociones, el comportamiento y la personalidad son el fruto de la interacción constante y dinámica de múltiples redes, unas con otras, cada segundo, de forma que podamos generar, inconscientemente, comportamientos dirigidos a determinados estímulos con los que nos encontramos.

Así pues, ¿cómo podemos seguir entendiendo el cerebro como un conjunto de módulos rígidos distribuidos de la misma manera en todos los seres humanos? Esta visión rígida y modular obedece a la necesidad del ser humano de categorizar, debido a nuestra tendencia determinista, y de separar las cosas asociando

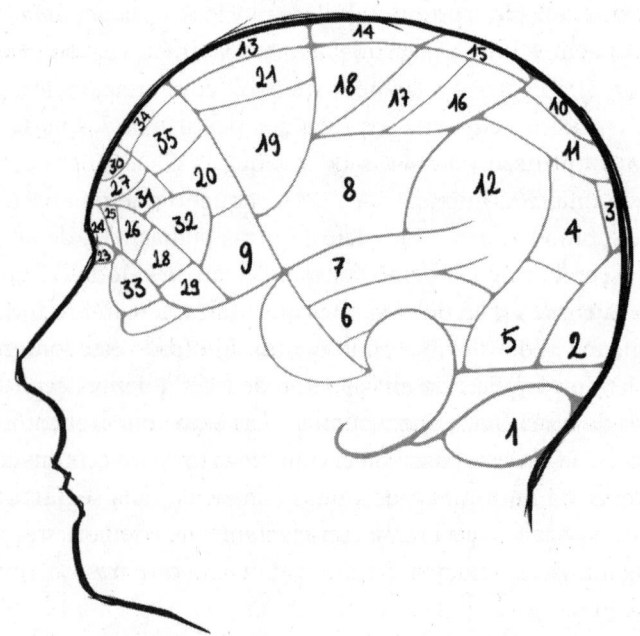

1 · Amatividad
2 · Filogenitura
3 · Habitatividad
4 · Adhesividad
5 · Combatividad
6 · Destructividad
7 · Secretividad
8 · Adquisividad
9 · Constructividad
10 · Autoestima
11 · Aprobatividad
12 · Aprecio de sí mismo
13 · Benevolencia
14 · Veneración
15 · Firmeza
16 · Justicia
17 · Esperanza
18 · Maravillosidad
19 · Idealidad
20 · Causticidad
21 · Imitación
22 · Individualidad
23 · Configuración
24 · Tamaño
25 · Peso o resistencia
26 · Colorido
27 · Localidad
28 · Cálculo
29 · Orden
30 · Eventualidad
31 · Tiempo
32 · Tonos
33 · Lenguaje
34 · Comparación
35 · Causalidad

Figura 5. Frenología: pseudociencia basada
en la compartimentalización de cada función cerebral
como módulos inconexos.

cada región a una función concreta. Pero no funciona así, es algo muy reduccionista. El cerebro es un todo dinámico y flexible en el que no podemos predeterminar dónde están las regiones críticas de todas las funciones, mucho menos cuando hablamos de funciones complejas como son las que incluyen la cognición humana: la memoria, la atención, las emociones, el comportamiento, la empatía, etc. Para entender por qué, debemos aceptar cierto grado de incertidumbre respecto a dónde se encuentran las funciones cerebrales, tenemos que añadir a las tres dimensiones del espacio (x, y, z; que es como solemos definir un punto dentro del cerebro), las otras dos dimensiones conceptuales clave, tal como hemos introducido en el apartado anterior.

Indaguemos, ahora, en estas dos dimensiones o variables extra.

LA CUARTA DIMENSIÓN: LA NEUROPLASTICIDAD A TRAVÉS DEL TIEMPO

Desde Alan Turing, el matemático inglés que logró desbloquear los códigos secretos de los submarinos alemanes durante la Segunda Guerra Mundial, pasando por el estudio de la metaestabilidad de Kelso y Freeman hasta la teoría de las metarredes de Herbet y Duffau, se ha afirmado la necesidad de comprender la «dinámica o cambio a lo largo del tiempo» como una cualidad que permite al sistema nervioso poseer la velocidad y la flexibilidad necesarias para la reacción instantánea ante la novedad en el medio que nos rodea de un estímulo cognitivo determinado. Hoy en día, sabemos que la vida de un cerebro está marcada por un sinfín de procesos eléctricos y químicos en curso que abarcan múltiples escalas espaciales y temporales moduladas por las interacciones con el cuerpo y el entorno.[1] En sistemas tan complejos como el cerebro humano, el espacio y el tiempo se entremezclan; y ya nos hemos dado cuenta de que no se gana nada tratando de entenderlos por separado a través del localizacionismo. De hecho, uno de los grandes obstáculos para comprender exactamente cómo millones y millones de neuronas se organizan entre ellas y se coordinan para llegar a codificar nuestras emociones, pensamientos o comportamientos ha sido nuestra dificultad para incorporar las dimensiones espaciales y la dimensión temporal en un marco teórico y analítico común.

Si tuviéramos que hacer una definición simple, diríamos que la cuarta dimensión es la capacidad del cerebro de redistribuir las redes neurales a lo largo del tiempo, para desplazar y proteger las regiones críticas de determinadas funciones, más allá de donde esté el daño (en nuestro caso, generalmente será un tumor). Así que vamos a ver, de la forma más gráfica posible, a qué nos referimos cuando hablamos de neuroplasticidad. En la ilustración se percibe claramente que las funciones cerebrales se desplazan a lo largo del tiempo (Figura 6).[2]

En esta figura podemos ver cómo el tumor, en la primera cirugía, ha permitido al cerebro desplazar casi todas las funciones críticas menos una (vemos que solo una cruz estaría dentro de lo que sería el tumor). Con nuestra filosofía, no podríamos resecar el tumor al completo y dejaríamos esa zona crítica. Pasados los años, cuando el tumor vuelve a crecer, se llevaría a cabo una segunda cirugía. Como vemos, la zona crítica que habíamos dejado ahora se ha desplazado (ha hecho un *shift*) y se encuentra algo más lejos, permitiéndonos extraer todo el tumor. Tiempo después se vuelve a intervenir por un nuevo crecimiento, y volvemos a ver lo mismo. El cerebro vuelve a ser capaz de reorganizarse y, así, desplazar las funciones más allá de los límites del tumor. Además, podemos observar que van apareciendo nuevas regiones críticas para las funciones cerebrales.

Esta es, quizás, una de las capacidades más asombrosas del cerebro humano. Gracias a la neuroplasticidad se han reorganiza-

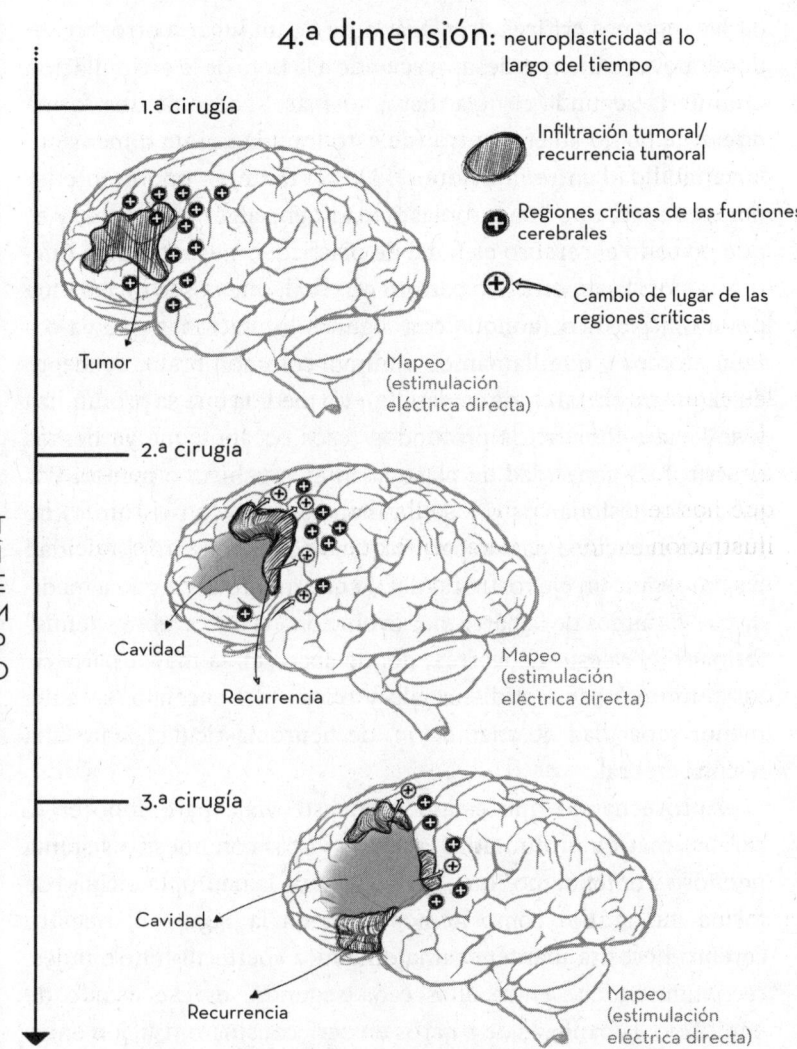

4.ª dimensión: neuroplasticidad a lo largo del tiempo

1.ª cirugía

Infiltración tumoral/
recurrencia tumoral

Regiones críticas de las funciones
cerebrales

Cambio de lugar de las
regiones críticas

Tumor

Mapeo
(estimulación
eléctrica directa)

2.ª cirugía

T
I
E
M
P
O

Cavidad

Recurrencia

Mapeo
(estimulación
eléctrica directa)

3.ª cirugía

Cavidad

Recurrencia

Mapeo
(estimulación
eléctrica directa)

Figura 6. Representación de los puntos críticos de funciones
cognitivas en varios estadios. Vemos cómo esos puntos o regiones
críticas (cruces), cambian, se desplazan con el paso del tiempo,
permitiendo extirpar el tumor aunque vuelva a crecer.[2]

do las regiones críticas desplazándose de un lugar a otro, creándose nuevas o incluso desapareciendo a la hora de la estimulación durante la segunda cirugía. Esto, además, sucede de una forma diferente de un sujeto a otro (de esto trata la quinta dimensión: la variabilidad entre individuos). No obstante, es importante tener en cuenta que la neuroplasticidad tiene algunos límites, y es que no todo el cerebro es igual de plástico. En este modelo diferenciamos: la superficie o corteza cerebral, que posee un enorme potencial plástico (aunque con algunas limitaciones que ya comentaremos y que llamamos minimal common brain, concepto en el que no entraremos en detalle); y a medida que se profundiza y se llega a los tractos profundos (esos océanos que ya hemos descrito), la capacidad de plasticidad es muchísimo menor. Por eso, si los lesionamos o los eliminamos junto con el tumor, no tendrán capacidad para repararse. De hecho, la neuroplasticidad parece seguir un eje rostrocaudal, lo que quiere decir que a medida que pasamos de la parte más evolucionada del cerebro (hemisferios cerebrales o neocórtex, donde aparecen la mayor parte de los tumores) hacia el diencéfalo y tronco del encéfalo, se halla menor capacidad de adaptación, de neuroplasticidad, ante una lesión cerebral.

Aprovechando que estamos en este viaje para conocer el cerebro más en profundidad, seamos justos con nuestro sistema nervioso y entendamos que, para que se dé la neuroplasticidad de forma tan gráfica como hemos visto en la Figura 6, nuestro cerebro necesita mantener una dinámica «perfecta» entre redes, reconfigurándose entre ellas cada segundo; es ese estado de equilibrio, la bandada de pájaros en perfecta sincronización entre los que están posados en el nido y los que están en pleno vuelo, aquello a lo que llamamos metaestabilidad de las redes neurales. Hoy creemos que es este constante movimiento e intercambio de información entre redes el que permite y abre la puerta a lo que luego vemos con claridad, cuando el cerebro ha conseguido desplazar las regiones críticas más allá del tumor. Esto es suficiente para entender la cuarta dimensión o cuarta variable.

Pero podemos profundizar un poco para saber cómo es la interacción constante entre redes en cada segundo —esas ciudades iluminadas a lo largo de los diferentes continentes— y cómo se relacionan, para así entender los capítulos venideros. (Véase Figura 7 a continuación.)

Vemos cómo se integran, gráficamente, las cuatro dimensiones cuando dos redes o sistemas neurales se unen o acoplan, como harían todos y cada uno de los instrumentos de una orquesta sinfónica. Si anteriormente hablábamos de la red por defecto (*default-mode network*), que nos permite reflexionar sobre nosotros mismos, ahora hablaremos de la red frontoparietal y la red cíngulo-opercular. El nombre no es importante, aunque siempre nos da algunas pistas curiosas. Si se llama frontoparietal, algunas de las «ciudades» que se iluminen en esta red estarán ubicadas en el continente del lóbulo frontal, y otras, en el del lóbulo parietal. La red frontoparietal nos permite enfocarnos en un estímulo u otro (es decir, dirigir nuestra atención y nuestras funciones ejecutivas a una tarea), mientras que la cíngulo-opercular (también llamada red de saliencia) se encarga de recibir y procesar la información que nos llega sobre nosotros mismos (sensaciones corporales y emociones) y el exterior. Una gran cantidad de estudios de neurociencia de redes sugieren que el control y la adaptación de nuestro comportamiento en cada instante dependen, en buena parte, del funcionamiento paralelo ampliamente distribuido entre la frontoparietal y cíngulo-opercular, así como la relación de estas con la red por defecto (lo veremos más adelante). Este funcionamiento cerebral generado por la constante interacción de una red con otra es lo que propongo llamar metasistema (dinámico y flexible), una definición más fiel a la inmensidad de nuestro cerebro. Se trata de un proceso dinámico de autoensamblaje

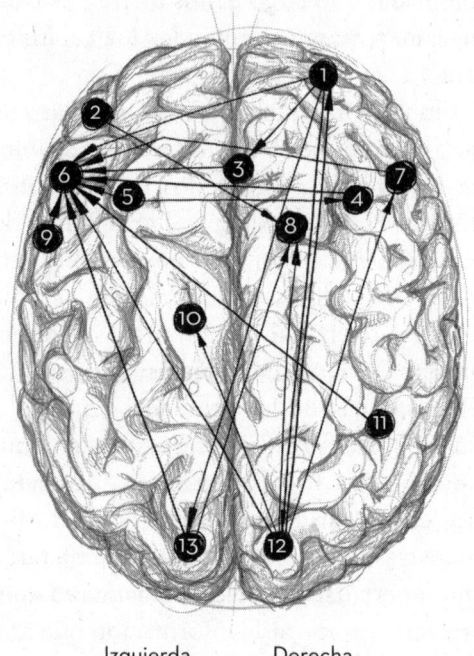

Izquierda   Derecha

Figura 7. Representación tridimensional de un cerebro visto desde arriba, donde cada círculo es un nodo de una red. Aquí visualizamos los nodos de dos redes fundamentales para las funciones cognitivas: la red ejecutiva central (números 1, 6, 9, 7, 11, 13 y 12) y la red de saliencia (números 2, 3, 4, 5, 8 y 10).

preciso, en el que partes del cerebro se conectan y desconectan de forma sincronizada.

Esta dimensión, como resumen, sería la clave para entender los cerebros como órganos masivamente interactivos que se mantienen en estados metaestables teniendo la capacidad para reconfigurarse tanto a corto plazo (transiciones de segundos de duración) como a largo término (la neuroplasticidad que vemos de una primera cirugía a una segunda). Bajo este marco teórico, empezamos a entender que no tendría sentido afirmar que el córtex prefrontal es el lugar del alma o de las emociones, que todo depende de ese «baile» orquestado entre redes que están en constante movimiento.

La quinta dimensión: variabilidad entre sujetos

Los modelos que previamente se han publicado acerca de redes y dinámica de redes adolecen, a mi parecer, de falta de consideración de los datos en un plano individual. Por el contrario, considero que los estudios de cirugía despierta sí aportan un dato extra: la comprobación en vivo de la gran variabilidad de zonas críticas para las diferentes funciones cerebrales de alto orden, que solo podemos verificar mediante la aplicación de un estímulo eléctrico mientras el paciente permanece consciente, viendo si desencadenamos un error o no en esa función que estemos examinando.

Para entender cómo influye la variabilidad entre un cerebro y otro tenemos que poner el foco en el funcionamiento cerebral, y no en su apariencia. Si imaginamos el cerebro como una nuez, con sus surcos y circunvoluciones, jamás veremos grandes diferencias. Un paciente puede tener variaciones anatómicas respecto a otro, una parte más grande que otra, etcétera. Pero como decíamos en el capítulo 1, nuestra intención como neurocientíficos no es deleitarnos con la joya anatómica que es el cerebro (que también), sino entenderlo como un sistema eléctrico complejo que da lugar a la mente humana. Es entonces cuando podemos hablar de la variabilidad entre individuos. Los puntos críticos de las funciones cerebrales varían de un paciente a otro, y por eso es importante la cirugía despierta, porque nos da la información en tiempo real y de forma precisa. Recordemos que no nos interesa saber el continente —ya sabemos que la visión no va a estar en el lóbulo frontal—, nos interesa saber el portal de la casa de la ciudad donde se ilumina la bombilla que junto con otras bombillas de otras ciudades forma esas redes de larga escala. Y esa respuesta la da la estimulación eléctrica directa mientras el paciente está despierto. Ninguna otra técnica. Aunque eso no significa que esta no tenga limitaciones.

Pero no pasa lo mismo con todas las funciones cerebrales, lo hemos comentado previamente. El movimiento o la información sensorial corporal y las emociones son procesos muy diferentes. ¿Por qué? Porque el movimiento se ejecuta mediante simples *outputs* —paquetes de información que emite el cerebro— que viajan siempre por un solo océano: la vía piramidal. Con la información sensitiva corporal (presión, dolor y temperatura) pasa algo similar, son *inputs* —paquetes de información que recibe el cerebro—. Llega información desde el resto del cuerpo, y a través de la médula espinal al tálamo, y de ahí a la corteza cerebral. Y ya. No son funciones que dependan de ciudades a lo largo de los cinco continentes: están relativamente localizadas en uno. Pero ¿qué pasa con las emociones? Tenemos que cambiar la visión para entender todas esas funciones que forman la mente humana: emociones, atención, memoria, semántica, funciones ejecutivas, comportamiento, etcétera. Aquí no hay información que entre (*input*) y salga (*output*) sin más. Aquí se necesita de ciudades iluminadas en todos y cada uno de los continentes, encendiéndose y apagándose al mismo tiempo, de forma orquestada para que nuestra cognición sea adecuada. Son las redes neurales de las que hemos hablado. Por lo tanto, ahora que entendemos que son funciones muy diferentes —la visión, el movimiento, la sensibilidad corporal; o las emociones y la memoria—, veamos las primeras como un interruptor que solo puede estar encendido o apagado. Y las otras... solo podemos entenderlas como un castillo de naipes distribuido a lo largo del cerebro que va cambiando la disposición de los naipes constantemente, pero manteniendo el equilibrio.

Las funciones simples, al no estar dispersas a lo largo de todo el cerebro y depender de una red concreta, presentan una menor variabilidad entre sujetos. Aunque siempre debemos tener en cuenta que la neuroplasticidad (cuarta dimensión) puede permitir que incluso estas funciones, en ocasiones, se redistribuyan. Y esta es la razón por la que un tumor que crece en el área del movimiento puede llegar a operarse sin causar un déficit.

Las funciones complejas son todo lo contrario. No suelen tener áreas fijas del cerebro, y todas ellas están relacionadas entre sí. Son eso, un castillo de naipes dinámico distribuido a lo largo de todo el cerebro.

Veamos en la página siguiente una ilustración sencilla de la variabilidad de las regiones críticas de las funciones cerebrales entre dos pacientes con un tumor localizado en la misma zona del lóbulo frontal derecho (Figura 8).

¿QUÉ IMPLICACIONES TENDRÍA ESTE MODELO DE CINCO DIMENSIONES EN LA CIRUGÍA?

Podría ayudarnos a responder la pregunta clave de la neurocirugía de tumores: ¿dónde detener la extirpación del tumor sin dañar el sistema? Y la respuesta sería, obviamente: donde dar un paso más —es decir, donde extirpar un poco más— suponga que se

Paciente A

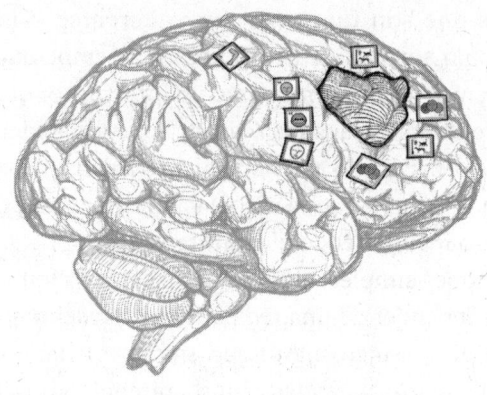

Paciente B

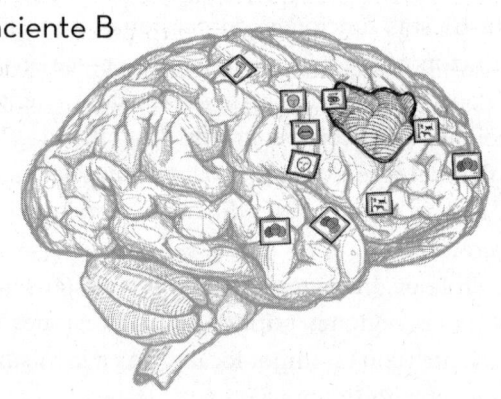

Figura 8. Observamos un tumor que engloba la circunvolución frontal media en el paciente A y en el paciente B. Se puede ver una enorme variabilidad en los puntos críticos de las funciones complejas: la cognición semántica (etiquetas con animales) y el reconocimiento de emociones (etiquetas con tres caras), mientras que, al contrario, vemos una localización bastante similar en las funciones básicas. Este es un ejemplo para entender la variabilidad entre sujetos según qué tipo de función estemos evaluando durante la cirugía, y por qué no pueden ser entendidas de la misma forma.

distorsionen la sincronización y la conectividad normal que existe entre redes neurales y de las cuales dependen las funciones cognitivas. ¿Y cómo encontrar estos límites? Estos son los tractos de sustancia blanca, nuestros océanos, pues cada vez tenemos más evidencia de que son los que mantienen la conectividad de nuestro cerebro. Rescatémoslos de unos párrafos atrás para comprenderlo mejor. En estas carreteras profundas de axones de neuronas es por donde «corre» la información que se envía de una zona del cerebro a otra, lo que permite esa conexión constante o estado sincronizado en el que la transmisión de información es óptima entre unos grupos y otros de pájaros dentro de la bandada. Por lo tanto, «romper» estos océanos significaría «romper» los límites del metasistema. Y es que, literalmente, parecen los límites sobre este modelo de funcionamiento cerebral, puesto que son esos puntos donde la neuroplasticidad a lo largo del tiempo (cuarta dimensión o variable) y la variabilidad entre individuos (quinta dimensión o variable) «tienden a cero». Esto tiene una consecuencia positiva y una negativa desde un punto de vista técnico. Veamos.

La positiva es que esos océanos tienen en cada cerebro humano el mismo nombre, y unen los mismos continentes, por lo que podemos localizarlos o predecir dónde van a estar. El océano Atlántico siempre une América y Europa; lo que en el cerebro equivale, por ejemplo, a que el fascículo longitudinal superior une el lóbulo frontal y el parietal, el fascículo uncinado une el lóbulo temporal con el lóbulo frontal... y así con cada uno. Eso sí, dentro del cerebro, los continentes y los océanos no se perciben especialmente diferentes a simple vista. Todo es un entramado gelatinoso blanquecino-grisáceo en la profundidad del cerebro; por lo tanto, tenemos que guiarnos por nuestro conocimiento anatómico para predecir cuándo nos encontraremos con ese océano que mantiene todas las redes cerebrales conectadas. Y la forma más asertiva de hacerlo es sabiendo qué test o qué preguntas hay que hacerle al paciente y en qué momento aplicamos el estímulo eléctrico en la zona en la que creemos que está ese océano profundo. La tecnología también puede ayudarnos, y podemos planificar antes de la cirugía dónde están esas carreteras profundas a través de diferentes *softwares*. El problema es que los métodos de reconstrucción de estos millones de axones, pese a todos los avances, siguen siendo bastante limitados y varían de un *software* a otro. Es decir, que dependiendo del que usemos, nos va a decir que el IFOF está más arriba o más abajo... Algunos de los estudios más importantes a este respecto describen que en la planificación que hacen estos *softwares* hasta en un 50 % de esos axones que forman los océanos son erróneos, fruto de la interpretación errónea de los datos.[3] Por ello es fundamental tener un claro conocimiento de la anatomía de la profundidad cerebral, y saber qué preguntas hacerle al paciente en cada océano. Así que llamaremos a estas carreteras profundas que suponen la clave de la conectividad de todo el cerebro puntos-stop del conectoma.[4] Así, teniendo en cuenta lo crítico de respetar los puntos-stop para preservar la conectividad entre las redes neurales (por tanto, la integridad de nuestro metasistema), la cirugía despierta con estimulación eléctrica directa sigue siendo la forma más segura de preservar la calidad de vida de nuestros pacientes con tumores cerebrales.

La consecuencia negativa es que la plasticidad, o capacidad de adaptarse/repararse a lo largo del tiempo, es baja o nula. Por lo tanto, no preservar los puntos-stop y extraerlos junto con el tumor puede suponer déficits neurológicos irreversibles, ya que la conectividad entre las redes neuronales que dan lugar a nuestra capacidad de atención, de reflexión o de dirigir una emoción a un estímulo concreto depende de esta conectividad profunda.[5] Sin este soporte no se podrían establecer adecuadamente conexiones entre redes para llevar a cabo cada una de nuestras funciones cerebrales. Es decir, que mientras que en la superficie cerebral (corteza) hay cierto margen de daño —porque la neuroplastici-dad permitiría redistribuir las funciones a otro lugar—, esto no es posible con estos océanos. Serían como cables de porcelana. Por lo tanto, estas autopistas serán puntos donde detener la extirpación del tumor.

Como ejemplo, ya que seguramente aparecerá en una gran parte de los próximos capítulos al ser el océano de axones más grande y largo de nuestro cerebro, quiero incidir en el IFOF (fascículo frontooccipital inferior; Figura 9). Este cable profundo conecta todos los lóbulos cerebrales, es decir, mantiene conectadas y sincronizadas diferentes y diversas regiones cerebrales de alto orden a lo largo de nuestro cerebro: desde el lóbulo occipital hasta el lóbulo frontal. Es como si fuera el océano Pacífico, con más de 155 kilómetros desde la costa oeste de América hasta la costa este de Asia. En esta imagen podemos ver que tras haber realizado la cirugía despierta y haber extraído más allá del tumor, el IFOF fue el principal punto-stop en este paciente, induciendo no solo trastornos a la hora de entender el significado de los objetos, sino también crisis de llanto y de risa, o, lo que es lo mismo, alterando la regulación y el control de las emociones durante la estimulación. En ese punto entendemos que la cuarta y quinta variable (la neuroplasticidad o capacidad de desplazar las funciones lejos del tumor; y la variabilidad entre sujetos), como sabemos, tienden a «colapsar» y, por tanto, la conectividad de las redes neurales va a depender, en gran parte, de preservar esta carretera profunda.

En ningún caso debemos caer en nuestra tendencia como se-res humanos al localizacionismo. No estamos ante el punto del llanto o de la risa universal para todos los cerebros, sino que en-tendemos que, al aplicar un estímulo eléctrico directo a esta ca-rretera profunda, desconectamos las áreas cerebrales que esta carretera mantiene unidas y que forman parte de alguna de las redes que se encargan de la regulación de las emociones. Esto explica que podamos haber inducido un trastorno transitorio en el control o la regulación de las emociones. Posteriormente, se procesa la resonancia magnética postoperatoria y las imágenes que hacemos tras resecar el tumor (con las etiquetas sobre estos puntos-stop), y se hace un análisis computacional para saber exactamente si el fascículo que fue estimulado durante la cirugía era el IFOF (u otros), así como análisis adicionales respecto a las redes neurales. Esta es la forma en la que la neurocirugía puede ayudar a dar un paso más a la neurociencia, ya que la cirugía despierta es el único método, por ahora, que nos cuenta con tanta asertividad y detalle qué pasa en la mente humana cuando lesionamos (y desconectamos) virtual o transitoriamente una región cerebral. Solo necesitamos cambiar el enfoque. El límite no es el tumor, son los tractos profundos de sustancia blanca (los océanos).

Este modelo de cerebro como un metasistema en cinco dimensiones podría permitirnos entender el sistema nervioso de una forma más lógica, como un sistema biológico complejo que posee una gran flexibilidad y capacidad de adaptación en su arquitectura anatómica y funcional, y hace posible entender cómo es posible operar un tumor en zonas que se han considerado previamente inoperables (bajo esa visión modular y localizacionista). Gracias a la neuroplasticidad a lo largo del eje del tiempo, el cerebro es capaz de desplazar regiones críticas que albergan funciones cruciales, y nos da la puerta de entrada para llevar a cabo la cirugía. Esto es lo que comprobamos en vivo y llevamos a cabo mediante la cirugía despierta, maximizando así la resección del tumor y tratando siempre de preservar los océanos profundos que permiten a las diferentes redes neurales o sistemas estar interconectados en todo momento, no solo dentro de cada uno de ellos, sino entre sí.

Es importante que se entienda que este modelo es un marco teórico cuyas dimensiones son variables, que propongo desde la mente de un neurocirujano que bebe de la neurociencia de redes,

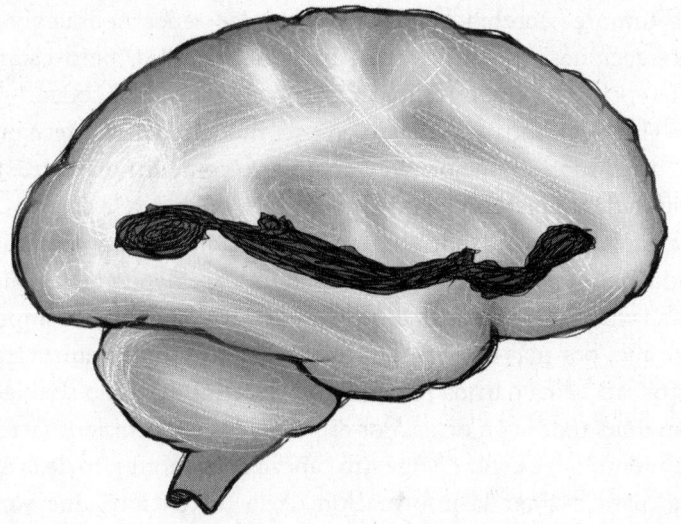

Figura 9. Fascículo frontooccipital inferior (IFOF) en una visión lateral cruzando la profundidad del cerebro, desde el lóbulo occipital hasta el lóbulo frontal.

intentando encontrar con este modelo una especie de atajo ante la complejidad del universo que tenemos dentro de nuestro cráneo. Esto nos puede ayudar a comprender dos cosas: 1) cómo de una neurona como unidad eléctrica (como una nota, como unidad melódica dentro de una partitura o como un danzarín como unidad dentro de un *ballet*), uniéndose a otras y variando cómo se relacionan entre ellas, se pueden llegar a generar en nuestra mente todas esas funciones cerebrales complejas; y 2) cómo afrontar, desde esta visión científica, la neurocirugía de los tumores cerebrales, sabiendo que las redes neurales y sus interacciones no son visibles, no son palpables, pero están; a diferencia del tumor y la masa cerebral que invade y rodea.

Hoy seguimos trabajando en este modelo para perfeccionarlo, darle sentido, mejorarlo y postularlo como un marco teórico que va desde la neurociencia computacional hasta la cirugía despierta, y que nos ayude a entender cómo llevar lo abstracto del funcionamiento cerebral a una disciplina que depende de aquello que vemos con nuestros ojos: la neurocirugía. Y para comprender que, por más que usemos lupas o microscopios quirúrgicos, estos NO van a darnos información eléctrica de cómo se relacionan unas redes con otras. Por eso todo ese conocimiento y razonamiento debe estar en nuestra cabeza en el momento de la cirugía, para extraer la información de la «actuación» que vamos viendo y monitorizando mientras el paciente está despierto y extirpamos el tumor. Vayamos más allá de las tres dimensiones, es necesario.

PASAR DE OPERAR UN TUMOR A OPERAR EL CEREBRO DE UN PACIENTE «A LA CARTA»

El profesor Duffau lleva veinte años intentando explicar que el cerebro es un sistema dinámico que va mucho más allá del ancho, el largo y el alto. Aunque esto pueda parecer obvio, una buena parte de la neurocirugía se ha quedado ahí. Después de leer durante años lo que Duffau y su equipo habían escrito, y de ver cómo iban neurocirujanos de todo el mundo a Montpellier y se iban frustrados por no entender lo que Duffau hacía, pensé que quizás podría ser capaz de establecer lazos entre cómo mi mentor veía el cerebro y cómo lo veía el resto de los neurocirujanos, porque estaba claro que él había visto una luz más allá de lo que se nos había contado. Si algo teníamos todos claro es que nadie conseguía que sus pacientes vivieran tanto como los de él ni con esa calidad de vida. He visto cientos y cientos de pacientes en su consulta, y juro que no ha habido ni uno que no haya vuelto a su trabajo y a su vida normal. Su porcentaje de retorno a la vida normal llega hasta un 97 %. No vi a un solo paciente que no pudiera mover el brazo o la pierna. Para mi mentor era lo normal, pero yo venía de ver lo que sucedía en el resto del mundo, donde el neurocirujano intenta operar el tumor tratando de no dejar secuelas en el habla y el movimiento.

Algo estaba claro: el profesor Duffau no estaba operando el tumor, estaba operando el cerebro, esa matriz de conexiones neuronales. Los compañeros neurocirujanos que venían a ver al profesor Duffau mientras recibía la visita de sus pacientes en consulta se sorprendían de que todos hablaran y se movieran perfectamente, y mi mentor aún iba más allá: les preguntaba cómo se sentían y cómo habían cambiado sus emociones o su comportamiento con su círculo o su vida íntima. Recuerdo a Augusto, un amigo neurocirujano brasileño al que conocí cuando visitó Montpellier, que me preguntó tras una conversación entre Duffau y yo sobre la metacognición: «Es la primera vez que oigo esta palabra: "metacognición". Pasemos el almuerzo de hoy a la próxima semana, necesito estudiar». Llegar a Montpellier era comenzar a asumir que no sabíamos ni la mitad de lo que creíamos saber. Y así lo dicen los resultados; no es cuestión de opiniones y fronteras. Son más de dos mil casos intervenidos, con un 0 % de mortalidad y un retorno al trabajo de entre un 94 y un 97 %. Necesitaba estar al lado de Duffau todo el tiempo que fuera posible.

Sabía que quizás había algo que me otorgaba una ventaja respecto al resto, y es que me había leído todos los artículos científicos del profesor Duffau. Los había saboreado y disfrutado todos, obsesivamente. Sin descanso. Sentí que había empezado a entender conceptos abstractos sobre el funcionamiento cerebral, y poco a poco se iban clarificando, pero mantengo un absoluto respeto por la incertidumbre que supone estudiar el cerebro. Durante toda la residencia solo pensaba en cómo desentrañar la función cerebral, en aquello que no se ve, en desenredar la complejidad del conectoma humano. Sin embargo, no fue fácil, pues me insistían en lo que parecía lo único importante cuando te formas como neurocirujano: arterias, venas y nervios. La circunvolución del movimiento. El área de Broca... Y quiero pensar que de alguna forma entiendo por qué nos lo han explicado así. Tener la responsabilidad de abrir un cráneo para salvar una vida requiere mucho estudio, esfuerzo y honestidad. Pero tras este tiempo tenía algo claro, y era que la única forma de acercarnos a los resultados del profesor Duffau era, quizás, sumergirme en la neurociencia de redes, en la neurofisiología, en la computación, y tratar de elaborar un concepto útil. Y esto es el modelo de metasistema en cinco dimensiones. A diferencia del resto de los órganos, que son aparatos biológicos complejos en tres dimensiones y cada uno cumple su función dentro del sistema corporal, el cerebro es una masa que va mucho más allá. Una masa que permite crear una infinidad de mundos subjetivos en la mente de cada uno de nosotros, saber quién soy yo y quién eres tú, y como nos cuenta la etimología de los *Homo sapiens sapiens*: somos seres que sabemos que sabemos. Y acepto que necesitaré el resto de mi vida para entender el hecho de que una masa en tres dimensiones, como lo son una nuez o un balón de fútbol, tenga una serie de características que permitan a quien la posee ser consciente de sí mismo como ente (el *yo*) y a su vez crear en su imaginación un sinfín de universos.

Por lo tanto, es crucial que la neurocirugía pase de poner el foco en «dónde está el tumor» a preguntarle en vivo al conectoma de nuestro paciente dónde parar la resección tumoral para preservar su calidad de vida. Percibir, predecir, sentir, atender o recordar no son funciones ubicadas en lugares cerebrales concretos, sino castillos de naipes donde los naipes van cambiando su posición a lo largo del tiempo (cuarta dimensión), y de forma distinta en cada cerebro (quinta dimensión).

CAPÍTULO 3

Identificar en vivo los cinco idiomas de una paciente políglota

> Los que ven la luz antes que los demás están condenados a perseguirla, a pesar de los demás.
>
> Cristóbal Colón

20 de marzo de 2023. Montpellier, 09.31 h

Suena el teléfono.

—Jesús, tengo un caso que quiero comentarte. Es una paciente políglota, habla cinco idiomas y es intérprete. Tiene un cavernoma que ha sangrado ya en dos ocasiones. ¿Tú qué harías? ¿Te parece que podríamos planificar una cirugía despierta?

La doctora Gloria Villalba y yo nos conocimos por un artículo que publiqué en 2021 sobre cómo preservar los idiomas en los pacientes políglotas durante la cirugía despierta. Tras lo vivido a su lado, y por cómo me había sentido arropado cuando me invitó a hacer cirugías en España con esta «filosofía», no tenía duda de que iría a Barcelona a ayudarla en lo que necesitara. Me envió las imágenes, comentamos el caso y rápidamente acepté. El tumor de Ani era un cavernoma, un tumor benigno que se forma por un crecimiento anormal de los vasos sanguíneos cerebrales. La parte positiva es que una extracción completa del tumor asegura una curación. Para siempre. La negativa es que tienden a sangrar si no se extirpan. Y la paciente ya había tenido dos sangrados que le habían dejado algunas secuelas leves. Otro sangrado más en esta zona y no solo podría quedarse sin hablar o perder sus idiomas, sino tener una parálisis completa del lado derecho de su cuerpo.

Ani es una paciente de 36 años, nacida en Armenia y que vive en Barcelona. Acababa de ser mamá, y disfrutaba de una vida familiar normal. Debido a la localización del tumor, cerca de la ínsula, del IFOF, de la vía piramidal (tracto del movimiento), de la supuesta área de Broca... se había consensuado con la paciente no operar, por los riesgos de la cirugía. Se consideraba «inoperable» o potencialmente peligroso para sus funciones cerebrales, aún más en una paciente que se dedica a la traducción y necesita sus cinco idiomas para realizar su trabajo. Me dio la sensación de que lo que habíamos hecho en los meses previos nos daba la seguridad y la necesidad de querer ir más allá. Sabíamos que podíamos acceder al tumor y extirparlo haciendo el menor daño posible. Porque, de una forma u otra, una cirugía cerebral es un daño, pero, y ahí está la clave, se trata de hacer a través de la cirugía despierta un daño controlado y organizado literalmente al milímetro.

Mi intención al ir a Barcelona no era solo extraer el tumor, era hacerlo sin dañar una sola función cerebral de la paciente. Y esto era un reto. Además de por donde se encontraba el tumor —en esa encrucijada anatómica de carreteras profundas esenciales—, porque nos encontrábamos ante una paciente políglota. El multilingüismo sigue siendo un misterio para la neurociencia. Se ha escrito una infinidad de artículos sobre cómo el cerebro puede almacenar y emplear varios idiomas, pero quizás poco se ha escrito en neurocirugía acerca de cómo hacer una cirugía despierta en un paciente políglota. Si seguíamos pensando que el lenguaje se encontraba en el área de Broca, difícilmente podíamos entender cómo se almacenan varios idiomas. Varios sistemas. Y cómo pueden usarse de una forma inteligente y adaptada al contexto.

Recuerdo que en quinto curso de Medicina empecé a leer mucho sobre el multilingüismo, me fascinaba. Me preguntaba si podía ser que los políglotas tuvieran una mayor superficie cerebral dedicada al lenguaje para almacenar todos esos idiomas. Sorprendentemente, parece que no es así. Por los estudios previos en cirugía despierta, parece que la superficie es la misma, pero el cerebro la «reparte» para los diferentes idiomas. No obstante, hay que tener en cuenta que estos estudios hablan sobre todo de la parte más superficial (corteza cerebral); se sabe mucho menos qué hacen esos océanos profundos en el control de los diferentes idiomas que almacena un políglota.

Fue entonces cuando empecé a entender que antes de diseccionar el multilingüismo, tenía que entender en profundidad qué es el lenguaje. Y comprender por qué el lenguaje es MUCHO más que hablar, emitir sílabas y entenderlas. Es mucho más que dar un mensaje. El lenguaje es una función cerebral extremadamente compleja, que, si bien no es una función cognitiva de alto orden como tal, requiere de estas para su normal desarrollo y funcionamiento. Para tener un lenguaje óptimo que nos permita desarrollarnos como seres humanos, necesitamos que los diferentes eslabones del lenguaje estén en perfecta coordinación: emitir los sonidos que conforman una palabra (el eslabón de la fonética); acceder a las palabras, es decir, a ese diccionario mental que todos tenemos (a esto le llamamos léxico); asociar estas palabras con su significado, esto es, entender el concepto, qué es y qué hace (eslabón de la semántica); usar las palabras en el orden correcto para que las frases tengan sentido (sintaxis); emplear un ritmo, pronunciación, entonación y espacio entre las palabras adecuados para que se entienda el mensaje (rasgos suprasegmentales); saber cómo emplear nuestra forma de hablar dependiendo de si estamos dando una conferencia, escribiendo un libro o hablando en la intimidad con nuestra pareja (pragmática); y, por último, en el caso de los políglotas, acceder a cada uno de los diferentes idiomas de forma voluntaria, evitando la interferencia de los otros lenguajes sobre el que se está usando (control ejecutivo del lenguaje). Mi interés por entender exactamente cada parte del lenguaje se desencadenó cuando leí un artículo científico en el que una paciente, tras sufrir un ictus, iba cambiando de un idioma al otro a lo largo de una misma frase sin poder evitarlo.[1] No podía controlar voluntariamente qué idioma usaba. Sin embargo, mantenía el orden de las palabras (sintaxis), y hablaba con sentido, es decir, tenía coherencia semántica.

—*I cannot comunicare con you; Oggi I cannot say il mio nome to you; I am a disastro today.*

Estas frases fueron las que esta paciente políglota —hablaba italiano, inglés y armenio— respondió cuando se le preguntó por su vida cotidiana tras sufrir un ictus que afectó a la sustancia blanca adyacente al núcleo caudado de su cerebro. En este caso, queda patente que el lenguaje no solo consiste en emitir palabras y comprenderlas, sino que es de crucial importancia la coordinación entre todos los eslabones (fonética, léxico...), y, además, en políglotas, se suma el control ejecutivo que les permita evitar las interferencias entre lenguajes.

Por lo tanto, con toda esta complejidad que hemos descrito, ¿cómo podemos seguir entendiendo el lenguaje como «algo» que se encuentra en dos áreas del cerebro: el área de Broca para emitir palabras y el área de Wernicke para entenderlas? No funciona así. ¿Cómo vamos a enfrentarnos a planificar una cirugía de un tumor si no entendemos que el lenguaje funciona como un todo bilateral? ¿Cómo no vamos a entenderlo como un complejo constructo que tiene su propia red neural y que, a su vez, interacciona con otras redes en cada segundo? Como comentamos en el capítulo anterior, la tendencia a asociar una región cerebral a una función concreta viene de la frenología. Siguiendo esta corriente de pensamiento, Paul Broca describió en 1861 el caso de Louis Victor Leborgne, conocido como el paciente «tan-tan» por su incapacidad para hablar —solo era capaz de pronunciar las sílabas *tan-tan*—. Y fue la primera vez que se asoció el lenguaje a una zona concreta del cerebro: el área de Broca. Pero ¿de dónde viene esto? ¿Cómo surgió y por qué no refleja la realidad de lo que es el lenguaje? Unos meses antes, Paul Broca había asistido a la reunión anual de la Sociedad Antropológica de París, donde el médico Ernest Auburtin presentó el caso de Monsieur Cullerier, un paciente que había ingresado en el hospital parisino de Saint-Louis con una herida abierta en la frente, de gran tamaño, que conectaba la piel directamente con el interior del cráneo. Auburtin contó en aquella reunión de expertos que había comprobado la hipótesis que procedía de la frenología de Joseph Gall acerca de que el lenguaje estaba «localizado» en el lóbulo frontal. Relató que, al aplicar una ligera presión en el lóbulo frontal izquierdo del paciente, su habla «terminó de repente; una palabra que había comenzado se cortó en dos. La facultad del habla reapareció tan pronto como cesó la compresión».[2] Paul Broca tuvo la oportunidad de comprobar, aunque de forma parcialmente sesgada, la predicción de Auburtin tras realizar la autopsia de su paciente recién fallecido, el señor Victor Leborgne: encontró una lesión en la circunvolución frontal inferior izquierda (Figura 10). Broca presentó estos hallazgos a la Sociedad de Antropología y los publicó ese mismo año, defendiendo que esta región del cerebro se encargaría del lenguaje. Había nacido el área de Broca.[3] Pero ¿por qué fue parcialmente sesgada? Entre otras cosas porque no hizo una disección de la profundidad cerebral para ver el alcance que tenía esa lesión, es decir, para ver si más allá de la superficie cerebral había también lesiones en los tractos profundos u océanos de sustancia blanca que, como sabemos, son cruciales para las funciones cerebrales. De hecho, hace unos años, Michel Thiebaut de Schotten publicó, tras analizar virtualmente el cerebro de Victor Leborgne

—que se conserva en el Museo de Dupuytren de París—, que había un daño severo en los tractos profundos de sustancia blanca —los océanos que mantienen la superficie conectada— que podría afectar gravemente a la red del lenguaje: fascículo arcuato, fascículo longitudinal superior, *frontal aslant tract*...[4] Este daño en la profundidad, incluso sin la lesión que Broca describió en la superficie, podría generar *per se* el trastorno del lenguaje del paciente «tan-tan».

Entonces, ¿por qué se sigue enseñando el cerebro de esta forma modular en las universidades y sigue siendo el paradigma en una buena parte de la clínica diaria? ¿Cómo es esto posible? Rescatemos un segundo el resumen del capítulo anterior: las funciones cerebrales complejas no se encuentran en un punto exacto del cerebro, sino que surgen de la interacción de diversas áreas separadas en el espacio, pero conectadas a través de esos océanos o carreteras profundas. Así se puede entender que una lesión en un punto —definido por sus tres dimensiones o coordenadas x, y, z en el espacio— puede afectar a otra muy distante (a esto lo llamamos diasquisis), o que una lesión en una carretera profunda puede dejar totalmente lesionadas las regiones que esta conecta (a esto lo llamamos desconexión). Ambas las encontramos en el cerebro del señor Victor Leborgne. Por lo tanto, no tiene sentido que sigamos pensando que el lenguaje se basa en dos zonas, o tres, o cuatro. Es imprescindible pensar en redes neurales. El neurólogo francés Pierre Marie (1853-1940) ya vislumbró el funcionamiento cerebral en red cuando describió en sus trabajos: «Por eso los pacientes podían ser afásicos, no por una lesión en una región concreta del cerebro, sino por un conjunto de estructuras anatómicas complejas».[5] Pero sus conclusiones fueron injustamente ignoradas por la comunidad científica de la época. Algo similar a lo que probablemente haya vivido mi mentor, el profesor Hugues Duffau, en nuestra era. Y les contaré por qué. Porque él fue más allá de asociar un continente entero al lenguaje. Fue buscando puerta por puerta, calle por calle, cuáles eran las ciudades que se iluminaban a lo largo de los diferentes continentes, sabiendo, por la experiencia que iba adquiriendo con la cirugía despierta, que el área de Broca era una limitación reduccionista fruto de la tendencia de la medicina a apoyar lo «ya sabido», lo establecido, como si la ciencia fuera un ente estático y no avanzara constantemente. Mientras Duffau recibía críticas feroces por operar a pacientes con tumores en el área de Broca y demostrar que podían seguir hablando, lo que estaba haciendo era describir el «error» de Broca y contarnos que el lenguaje es mucho más complejo de lo que pensábamos.[6, 7] El primer error era asociar todo el lenguaje a una zona concreta, cuando ya sabemos que el lenguaje va más allá de articular palabras y emitir fonemas —que era la principal afección del señor Leborgne—, y que está formado por diversos eslabones. El segundo fue que no se describió que los océanos profundos estaban dañados de forma severa, lo cual por sí mismo podría generar una desconexión de zonas superficiales dentro de la red del lenguaje, haciéndolas no funcionantes. Y el tercero es que, incluso si Paul Broca se refería solo al eslabón concreto de emitir palabras —el eslabón de la fonética articulatoria—, su región crítica no estaba donde describió, que era toda la parte posterior de la circunvolución frontal inferior izquierda (Figura 10, arriba), sino en una ciudad concreta, el *ventral premotor cortex* (Figura 10, abajo). Esta región se encuentra en la parte más lateral o inferior del área motora primaria (área del movimiento), y es una de las pocas excepciones a nuestra regla de que no hay un área fija para las funciones complejas. Aunque el lenguaje es un todo, fruto de interacciones en diversas regiones, si hubiera que buscarle un lugar a la emisión del lenguaje —probablemente el eslabón más primitivo de todos—, sería exactamente allí. Y como parte del área del movimiento que se encarga de la coordinación entre los músculos de la lengua y la laringe, obviamente la encontraremos en ambos hemisferios cerebrales, tanto izquierdo como derecho. Así que, dado que este punto es relativamente constante en su ubicación en cada planeta (cada cerebro), lo usaremos como el punto de partida cuando queramos hacer el mapa de dónde están las funciones cerebrales del paciente durante la cirugía despierta. Como veremos en cada una de las cirugías de los próximos capítulos, iremos siempre a buscar primero el *ventral premotor cortex*. Y ese será nuestro punto de apoyo para dibujar el resto.

Hemos mencionado los diferentes eslabones que conforman el lenguaje, ¿verdad? El acceso a las palabras, el significado o concepto de las cosas, el orden de las palabras en las frases... Con todo esto, ¿entendemos ahora por qué no «existe» el área de Broca? Resumir el lenguaje a Broca sería una auténtica locura. Ni es donde está localizada la emisión del lenguaje ni es solo en el hemisferio izquierdo ni es útil para explicar el resto de los eslabones del lenguaje. De hecho, necesitamos pasar a pensar en redes dinámicas. En un todo. Pero ¿cómo? Veámoslo a través de una cirugía despierta con nuestra paciente políglota. Pongámoslo en práctica y veamos, realmente, cómo un cerebro despierto nos cuenta cómo encaja las piezas del puzle.

La limitación principal de la cirugía de Ani iba más allá de su localización y de que fuera considerada como inoperable. También de que fuera una persona joven que recientemente había sido mamá, que hablaba cinco idiomas y que los necesitaba para continuar su vida normal. La limitación principal era el tiempo. Para toda cirugía despierta, solo tenemos dos horas y media aproximadamente para mantener al paciente despierto y averiguar con exactitud cuál es el mapa de sus funciones cerebrales. Pasado ese lapso, el paciente comienza a sentir fatiga y pérdida de atención, y la fiabilidad para saber dónde tenemos que detenernos va cayendo. Por lo tanto, hay que tenerlo todo previamente planificado; no hay tiempo para la improvisación. Y sin tener claro cómo

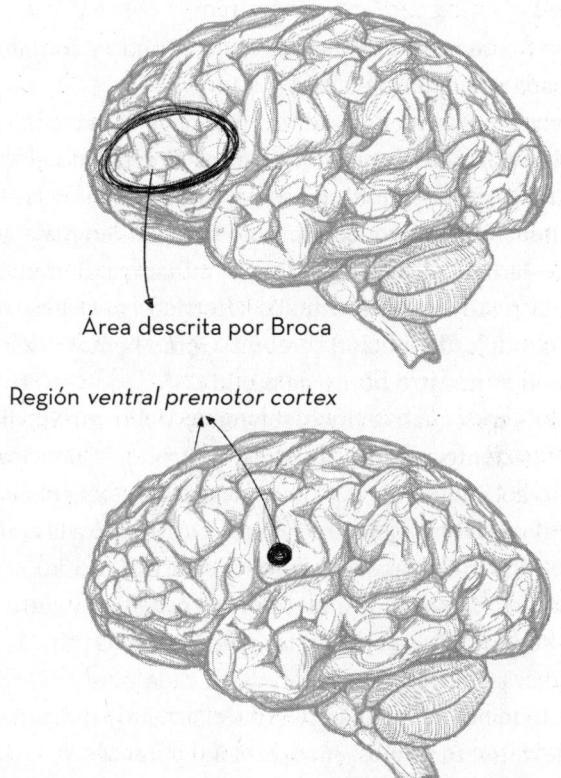

Área descrita por Broca

Región *ventral premotor cortex*

Figura 10. Arriba, el área descrita por Broca. Abajo, la región que Hugues Duffau, define como la región donde, al aplicar un estímulo eléctrico, el paciente será incapaz de emitir palabras. Esta región se conoce como *ventral premotor cortex*, está en ambos hemisferios cerebrales (no solo el izquierdo), y es una de esas regiones de nuestro cerebro que presentan menos variabilidad entre sujetos. Y, como vemos, está ligeramente posterior (detrás) del área definida por Broca.

realmente funciona el lenguaje, si ya es difícil llevar a cabo la cirugía en una persona que habla un idioma, con alguien que habla cinco...

Estaba todo preparado para encender el mundo y comenzar a dibujar el mapa del cerebro de Ani.

—Empieza a contar del uno al diez y mueve el brazo derecho —le decíamos a Ani mientras aplicábamos el estímulo eléctrico para encontrar nuestro primer punto del mapa, el *ventral premotor cortex*. La intención era provocar un bloqueo del lenguaje (también llamado «arresto») para saber a qué miliamperaje teníamos que aplicar el resto de los estímulos eléctricos para buscar los puntos críticos de cada función cerebral. Como hemos comentado, esta región es nuestro punto de partida.

—Uno, dos, tres, cuatro, cinco, seis, siete, ocho, nueve, diez... —contaba la paciente—. Uno, dos, tres, cuatro... —Silencio.

—Arresto del lenguaje —dijo la neuropsicóloga. Ya habíamos encontrado el *ventral premotor cortex*, la zona crítica para la emisión del lenguaje (nuestro eslabón de la fonética articulatoria).

A continuación, pasamos a preguntar a cada centímetro cuadrado de la superficie cerebral cuáles eran las zonas críticas para que Ani pudiera acceder a las palabras en cada uno de sus idiomas, empezando por su lengua materna: el armenio. Seguiríamos por orden de destreza: inglés, ruso, español y francés.

Aunque aún no sabemos con exactitud cómo se distribuye en la superficie cerebral el acceso a las palabras (léxico) en los polígotas, sí sabemos que existen zonas críticas específicas para algunos idiomas —donde al estimular solo encontramos problemas para que accedan a uno de sus lenguajes—, y otras en las que no puede acceder a las palabras en varios de los idiomas, incluso en todos. Esto es variable y, por ahora, pensamos que sigue un patrón impredecible. Lo único que nos da la información exacta y elimina esa incertidumbre es la estimulación eléctrica directa durante la cirugía despierta. También es importante entender que el fin principal no es saber qué hace cada centímetro cuadrado del cerebro, primero porque la intención es hacer un «mapa» para ver cuáles son las zonas no críticas a través de las que ir hacia el tumor; segundo, porque tenemos muy poco tiempo y, tercero, porque los puntos que encontremos debemos entenderlos como parte de una red y no como puntos aislados. De nuevo, hablamos de redes, no de módulos separados e inconexos. Eso es clave para entender el funcionamiento cerebral. Si volviéramos a operar al mismo paciente dos o tres años más tarde, muy probablemente esas zonas, de alguna forma, se habrían desplazado y reconfigurado, y el mapa sería distinto, al menos en parte. Es la cuarta dimensión: la neuroplasticidad a lo largo del eje del tiempo. Todo se va moviendo.

Así que, con este estímulo eléctrico a 60 hercios y 2 miliamperios, seguimos preguntando a la mente de Ani dónde se ubican las regiones críticas para acceder a las palabras de cada idioma, es decir, el léxico. Teníamos la suerte de contar con intérpretes para varios de los idiomas que no solíamos monitorizar por razones obvias, como son el armenio y el ruso. Para buscar estas regiones críticas, le pedimos que nombrase el objeto que se le mostraba, diciendo previamente la frase: «Esto es...». Así, comprobábamos efectivamente que podía hablar, es decir, que no había problema fonético, sino que realmente no podía encontrar esa palabra concreta. A esto le llamamos anomia.

Tras hallar cuatro zonas críticas para el armenio y una para el inglés, nos dispusimos a mapear el ruso.

—Это... Это... —decía, sin poder acceder a la palabra «pluma», que era el objeto que se le estaba mostrando. Esta era la segunda región crítica en su cerebro para acceder a las palabras en ruso.

—¡Ánimo, Ani! Lo estás haciendo increíble —la animaba Gloria.

—¡Vale! ¡Pasamos al español! —avisé a Ani y a la neuropsicóloga.

—Esto es… una vela. Esto es… un coche. Esto es… un banco. Esto es… una cama.

Silencio.

—Esto es… —titubeó.

—O.K. Anomia aquí —le dije a Gloria.

Ani no podía acceder a la palabra «silla». Esta era la tercera región crítica que encontrábamos para el acceso a las palabras en español, en la parte más posterior de la circunvolución temporal superior, justo al lado de una zona crítica para el armenio. Ya llevábamos cuarenta minutos de cirugía, y aún no habíamos comenzado la resección del tumor. Todo iba contando. Los segundos se sumaban, pero había que mantener la serenidad. Esto es crucial. Así que tras hacer el último «barrido» de las zonas críticas para el francés (encontramos una región), pasamos a analizar la cognición semántica, esto es, su capacidad para entender el significado de las cosas. Para analizar esto, le pasamos el test de Pirámides y Palmeras mientras aplicábamos el estímulo eléctrico a la corteza cerebral. No solo tenía que nombrar los objetos, sino también asociarlos por familias. Por ejemplo: se le presenta una oruga, una mariposa y una libélula y ella tendría que decirnos: oruga y mariposa. Fue haciendo el test mientras aplicábamos el estímulo eléctrico. No hubo ninguna zona de su corteza cerebral donde se distorsionara la red de forma que no pudiera asociar objetos por su significado, ello debido muy probablemente a la neuroplasticidad que se habría generado en su cerebro gracias al lento crecimiento del tumor. Hecho esto, pasamos a la segunda fase: resecar el tumor entrando por las zonas «libres» del «mapa» de la superficie cerebral. Ya lo teníamos ante nosotros. Ahora faltaba entrar, extirpar el tumor al completo e identificar y preservar las carreteras profundas u océanos que mantienen todas las redes conectadas entre sí, para que este mapa de la superficie cerebral tuviera sentido.

Llegados a ese punto, Gloria me miró y me dijo, señalando el área de Broca:

—Solo nos queda esta zona para acceder al tumor.

—El área de Broca no existe... Bueno, nunca existió... Entremos por aquí —le dije esbozando una sonrisa cómplice, mientras Gloria comprobaba, de nuevo, que efectivamente en la supuesta área de Broca no habíamos colocado ninguna de las pegatinas estériles que colocamos sobre cada una de las zonas críticas (donde inducimos un trastorno o error).

Así que nos introdujimos hacia el tumor. Mientras tanto, Ani realizaba multitarea: denominaba los objetos que se le mostraban en el portátil, cambiando de un idioma a otro cada vez que se lo pedíamos (para ir monitorizando su control ejecutivo sobre cada uno de los lenguajes, sin un orden concreto que ella pudiera predecir), y movía constantemente el brazo derecho. Esta multitarea nos daba información de su capacidad de atención, su capacidad de hacer varias cosas a la vez, su flexibilidad para cambiar de un lenguaje al otro, y del movimiento, ya que la vía o carretera profunda del movimiento estaba muy cerca.

El tumor estaba a unos tres centímetros de profundidad, lo cual nos llevaba a aspirar parte de las fibras nerviosas sanas. Era el precio que había que pagar. Era clave que ninguna de esas fibras fuese crucial, y para ello teníamos nuestra varita mágica: el estimulador. Que de mágico, poco. Hay que saber cuándo usarlo y qué preguntarle al cerebro para que tenga sentido su uso y que la información que obtenemos tenga coherencia. Haciéndonos hueco con una espátula y un aspirador, llegamos al tumor. Los cavernomas, al encontrártelos, se identifican normalmente por su color marronáceo, con sangre en su interior. Ya estábamos allí. Mientras tanto, la mente del cirujano tiene que estar no solo en cómo mover sus manos, sino en monitorizar cualquier mínimo cambio en las tareas que realiza el paciente. No solo en si se equivoca o no, sino en si decae su atención, si de pronto va más lento, si le sucede algo, etcétera. Y, además, activar su visión tridimensional para ir identificando dónde y cuándo vamos acercándonos a las carreteras profundas.

Mientras extirpábamos la parte más inferior y lateral del cavernoma, de pronto... notamos que la paciente estaba llorando. Aunque seguía haciendo las tareas sin problema alguno, lloraba, sin quejarse de nada.

—¿Qué te pasa, Ani? ¿Te duele? —le preguntamos.

—No. Estoy bien. Ya se me pasa —respondió, continuando las tareas.

¿Hiperemotividad? ¿Solo con la aspiración de esa zona? No estaba seguro de qué pasaba. Pedí el estimulador bipolar. Apliqué el estímulo, como siempre, durante 4-5 segundos, y la paciente hizo una parafasia semántica, sustituyendo una palabra por otra de significado similar. Esto significaba que ya estábamos en el IFOF, nuestro límite inferior y lateral. Nuestro primer punto-stop. No exactamente en la zona más profunda del IFOF, pero claramente la parte que «corría» hacia la corteza dorsolateral prefrontal. Y, aunque esto es especulación y no debe ser tomado como un hallazgo consistente, ahora que escribo este capítulo entiendo que dicha crisis de hiperemotividad pudo tener lugar porque durante la manipulación del IFOF causamos algún tipo de distorsión en la red frontoparietal, que se encarga de la regulación emocional. Además, el IFOF lleva la información semántica de los diferentes lenguajes. Así que lo que estaba claro era que debíamos parar ahí. Continuamos hacia los otros límites mientras extraíamos el tumor.

Seguimos aspirando el tumor, teniendo en mente los puntos-stop restantes. Al estimular la parte posterior causábamos un movimiento involuntario del brazo derecho, que nos permitía identificar la vía piramidal, esa carretera profunda que lleva la información del movimiento. Llevábamos dos horas y diez minutos de cirugía. Nos quedaban menos de veinte minutos con Ani en plenas facultades de atención y colaboración. Teníamos ciertas dudas en la parte más posterior, aunque parecía claramente que no quedaba tumor. El neuronavegador que empleamos para ayudarnos durante la cirugía no es ni mucho menos una herramienta infalible en la profundidad del cerebro. No hay navegador que vaya a suplir nuestro conocimiento de los cables profundos. Pero puede ser de utilidad en determinados momentos.

—Esto es… una mariposa. Esto es… una escoba.

Mientras Gloria resecaba el tumor y Ani seguía haciendo las tareas, ya con algunas dificultades para mantener la atención, pedí el estimulador. Nos estábamos acercando al límite anterior, estaba seguro de que era otro punto-stop.

—Est-to-to-to e-e-es…

—Tartamudeo. Aquí está el *frontal aslant tract*. Venga, Ani, sigue. Ya casi estamos. Estás haciendo un trabajo increíble —la animamos.

Ahí estaba. Habíamos estimulado el *frontal aslant tract* (FAT), otro de nuestros puntos-stop. En concreto, el límite de la parte más anterior del tumor, cuya respuesta al estimularlo es el tartamudeo. Al aplicarle un estímulo, y en consecuencia desconectarlo durante unos segundos, generamos una distorsión transitoria de la capacidad para planificar el siguiente movimiento, una especie de incapacidad para completar de forma fluida la emisión de una frase.

Un poco más arriba, sin apenas haber entrado en contacto con él, nos encontraríamos con el fascículo arqueado. Ya habían pasado dos horas y cuarenta minutos. No nos quedaba tiempo. Solo quería comprobar que habíamos alcanzado ese punto. Nuestro último punto-stop.

—Esto es… un árbol.

—Perfecto. Ya estamos, Ani. Ya estamos acabando, dos minutos más.

—Esto es… una baza.

—Lo tengo. Parafasia fonética. Aquí está el fascículo arqueado.

Ani había dicho «baza» por «taza». Al hecho de cambiar una palabra por otra que se parezca, o hacer un cambio en el orden de los fonemas, se le llama parafasia fonética. Esta alteración, cuando es inducida por el estímulo eléctrico, es típica de esta carretera profunda, el fascículo arqueado.

—Ya estamos, Juan. Hemos terminado. Podemos dormir a Ani de nuevo —le dije a Juan, anestesista del equipo de Gloria Villalba.

—Hemos terminado, Ani. Debes estar orgullosa de cómo lo has hecho. Enhorabuena —le dijo Gloria.

Esto que he descrito es la última fase de la cirugía, y probablemente la más importante. La identificación, dentro de la profundidad del cerebro, de los océanos o carreteras profundas, esos miles de miles de cables neuronales que lo mantienen todo conectado. Aunque durante mucho tiempo solo se ha hecho hincapié en el «mapeo» de la parte más superficial del cerebro (la primera fase), en el día de hoy sabemos que respetar las carreteras profundas es absolutamente crítico para preservar al máximo la calidad de vida del paciente. Si hay una bombilla en Buenos Aires y otra en Tokio, y ambas están conectadas por un cable, cortar el cable supondría que se apagaran ambas, ¿no? Pues es así cuando hablamos de redes cerebrales. La identificación y preservación de las zonas críticas de la superficie cerebral carece de sentido si cortamos los cables profundos que las conectan. Por mucho que sepamos dónde están las bombillas, si cortamos lo que las une… quedan inservibles. Y la única forma de respetarlas es identificarlas. Para ello necesitamos saber dónde están y tener en todo momento, en nuestra imagen tridimensional del cerebro, la sensación de que nos estamos acercando a esas carreteras u océanos profundos. Aunque hay sistemas muy avanzados de neuroimagen que nos permiten predecir dónde se van a encontrar exactamente esas autopistas cerebrales, nada ha demostrado más efectividad que la cirugía despierta. Y lo complejo está en saber cómo identificarlas.

¡Cómo íbamos a comprender el cerebro en solo tres dimensiones del espacio! ¡Si el IFOF es una vía multimodal que puede hacer varias cosas al mismo tiempo en el mismo sitio! No hay duda: el cerebro no puede ser entendido como un elemento tridimensional estático. Hasta ahora no había encontrado otra forma más clara de explicar y defender a pulso en cada conferencia y cada congreso por qué necesitamos operar al paciente despierto durante la cirugía, aceptando la incertidumbre de las dos dimensiones extra. Por qué no nos vale con ver dónde está el tumor. Por qué hay que hablar durante horas con el paciente antes de ir a quirófano, para ver qué es lo que le preocupa en su vida. Por qué hay que tener a neuropsicólogos formados en este campo en el equipo, para ver qué defectos en el funcionamiento cerebral empiezan a tener los pacientes con tumores cerebrales incluso en su etapa más temprana. Por qué como neurocirujanos debemos ir más allá de la técnica; pues por muy talentosos que seamos con nuestras manos, si no tenemos esa necesidad constante de entender cómo funciona el cerebro, no vamos a conseguir los mejores resultados ni a comprender los complejos e intrincados fenómenos que subyacen a la mente humana. Por qué debo preocuparme no solo de que mi paciente hable y se mueva, sino de preservar sus emociones, su comportamiento y su vida íntima —o al menos intentarlo dentro del reto que aún nos supone entender cómo hacerlo—. No quiero que mis pacientes hablen y se muevan para sentir que he hecho el trabajo suficientemente bien; quiero que vuelvan a su trabajo y que sigan siendo ellos mismos con su familia, siempre que la biología del tumor y el sentido común lo permitan.

Si nos fijamos en la Imagen 2 del pliego en color, veremos que en el «mapa» del cerebro no solo hay etiquetas con cada idioma, sino también unas imágenes que tienen tres caras de colores, que representan las zonas críticas para percibir las emociones durante la aplicación del test. Como vemos, había cuatro regiones críticas, reproducibles, donde cada vez que aplicábamos un estímulo eléctrico inducíamos un trastorno en el reconocimiento emocional. Sí. En el hemisferio izquierdo. No lo he dicho durante la explicación de cada paso de la cirugía para no entorpecer el relato, y así mostrar de forma más clara cómo mapeamos el lenguaje en un cerebro humano, que de por sí puede ser muy complejo.

A pesar de que el «mapeo» de este tipo de funciones complejas era prácticamente rutinario en Montpellier, me parecía que seguía habiendo un hueco o un espacio para la mejora en la monitorización de las funciones relacionadas con la emoción durante la cirugía, como comentaré con detalle más adelante en el capítulo 5. No solo porque sentía que se podría desarrollar algún test que cubriera los tres elementos de la empatía, desde el más simple hasta el más complejo, sino porque normalmente solo se aplicaban en el hemisferio derecho. No obstante, en algunas series donde se analizan los déficits en la esfera de las emociones y el comportamiento en pacientes con tumores cerebrales tras la cirugía, esta afectación es mayor en los tumores localizados en el hemisferio izquierdo. De modo que cuando Gloria me invitó al Hospital del Mar para hacer en equipo esta cirugía, escribí un correo a todo el equipo diciendo que íbamos a probar por primera vez zonas críticas de las emociones en la superficie cerebral del hemisferio izquierdo. Tenía todo el sentido de acuerdo con el estudio de redes neurales y su implicación en funciones complejas como las emociones, que estuvieran ampliamente distribuidas en ambos hemisferios. La dificultad principal era que, al estimular durante cuatro segundos cada zona del cerebro, había que definir alguna estrategia para no confundir el hecho de que no pudiera emitir palabras con que no fuera capaz de reconocer la emoción en el avatar. Nadie lo había descrito en la literatura hasta entonces. No se había hecho una monitorización de emociones en la superficie cerebral del hemisferio izquierdo en la neurocirugía; o al menos no estaba descrito o publicado. Por lo tanto, lo que hicimos fue un barrido completo, estimulando cada centímetro de la superficie cerebral para identificar las zonas críticas del lenguaje (como hemos visto, tanto del acceso a las palabras como de la semántica de las mismas), para asegurarnos de que, si inducíamos un trastorno en el reconocimiento emocional, no habría dudas de que realmente era un problema del lenguaje. Además, tras cada error, si lo hubiera, le preguntaríamos específicamente a Ani qué sentía, por qué tenía dificultad o le era imposible reconocer la emoción de los avatares.

—Él está... No lo sé —decía Ani, frustrada durante la cirugía.

—¿Qué te ha pasado? —le preguntaba yo.

—No he podido saber exactamente qué emoción estaba representando el avatar —me decía mientras yo confirmaba con Gloria Villalba que estábamos estimulando el cerebro en ese momento.

Quedaba un largo camino por recorrer. La ciencia no se construye con experiencias aisladas, y es importante tener eso en mente para seguir leyendo este diario, que en algunas ocasiones lanza hipótesis que seguimos en proceso de demostrar. No obstante, tras la cirugía de Ani parecía un poco más claro. Sí: eran zonas críticas para el reconocimiento de emociones. Cuatro regiones, que además comprobamos varias veces. Todo tenía sentido. A mayor complejidad de la función, más distribuida a lo largo de la superficie cerebral. Las redes son bilaterales... Hablaremos más adelante del mapeo del reconocimiento emocional en el hemisferio izquierdo (capítulo 9).

El lenguaje, como hemos visto, es una de nuestras funciones más complejas. De ninguna forma reducible a regiones aisladas invariables para todos los pacientes. Es crucial entender que donde ponemos la etiqueta de cada idioma en la superficie no es donde se encuentra el idioma como tal, solo se refiere a uno de los eslabones: el acceso a las palabras. Broca no existe como tal, es un concepto reduccionista. Lo hemos visto claramente. Broca es un concepto que hoy carece de sentido. Es algo objetivo. Pasemos de Broca a las redes neurales de larga escala, distribuidas a lo largo del cerebro con una dinámica variable entre sujetos.

CAPÍTULO 4

¿Existe algo más grande que hacer música?

¿Es la música lo más importante que hemos hecho nunca?

IAN CROSS

19 de abril de 2023. Madrid. 12.00 h

Suena el *Concierto en re menor K.466* de Mozart en mis auriculares.

¿Por qué amamos la música? ¿Por qué nuestro cerebro está perfectamente diseñado para sentir placer con una serie de notas que suenan y se desvanecen al instante? ¿Qué sentido tiene? Llevo muchos años preguntándome esto.

El cerebro humano está codificado, literalmente, para sentir placer con todo aquello que le otorgue ventajas evolutivas, es decir, para la supervivencia de la especie: comida y sexo. Inevitablemente vamos encaminados hacia el «metaobjetivo», sin casi poder decidir sobre ello: reproducirnos. No digo que sea una necesidad. Pero reflexionemos un segundo: es cierto que aún quien no se reproduce es cuestionado no solo por el resto, sino por sí mismo. Existe una presión biológica, de nuestro propio yo y de nuestros semejantes. Es el objetivo primitivo de todas las especies: perpetuarnos en el tiempo mezclando nuestra información genética con otra persona del género opuesto. Aunque por fortuna somos seres sintientes y pensantes, que pueden reflexionar y decidir más allá de lo que les venga impuesto.

Es una obra de arte que el cerebro genere placer al comer, con la actividad sexual o cuando recibimos una recompensa económica. ¡Es brillante desde un punto de vista evolutivo! No deja nada al azar. Aquello que nos da más posibilidades de sobrevivir o de reproducirnos nos proporciona, inteligentemente, las más altas cotas de placer. De hecho, en varios estudios de resonancia magnética se muestra cómo se activan las mismas regiones cerebrales: las relacionadas con el circuito del placer y la recompensa, como los ganglios basales y el núcleo *accumbens*.

Pero ¿qué ventaja evolutiva tendría sentir placer al escuchar música? No le encuentro sentido. Quizás esa sea la clave: que la música ha estado presente en todas las culturas y civilizaciones humanas sin servir, en teoría, «para nada». Es probablemente la única cosa que el ser humano ama porque sí, sin esperar nada a cambio. Se preguntaba Ian Cross, profesor de Música y Ciencia en la Universidad de Cambridge: ¿será la música lo mejor que hemos hecho como especie? Yo pienso que sí.

No obstante, lo increíble no es esto. Lo increíble es que la música no existe hasta que tu cerebro la crea. Cuando buscas tu canción favorita y le das al *play*, tiene lugar una serie de eventos: comienza a producirse una perturbación en el aire debido a la vibración de las partículas que en él se encuentran, a unas determinadas frecuencias. Esta energía mecánica alcanza tu tímpano, y allí, a través de la cadena de huesecillos del oído interno, llega a la cóclea. La cóclea es una profesional del trueque: le entregas la energía mecánica que generó el tímpano al vibrar y la transforma en energía electroquímica. Y así tenemos la traducción al idioma que el cerebro entiende: los gradientes electroquímicos. De este modo la información viaja hasta el tronco del encéfalo, donde se ubican nuestras funciones más primitivas —como respirar o estar despiertos— y de ahí llega hasta las áreas auditivas. Estas se encuentran alojadas en el lóbulo temporal (en ambos lados) formando parte de la red auditiva. En estas áreas, cada minucioso dato de esa información electroquímica que transportan las neuronas es convertido en sonido. Y es ese conjunto de sonidos lo que, al final, genera la música. No tengo las respuestas a por qué nace la música y por qué nuestro cerebro es capaz de modificarse y reconfigurarse ante ella, siendo capaz de hacernos sentir casi cualquier cosa, pero sabiendo que somos una máquina que busca constantemente la máxima efectividad y eficiencia, no parece casualidad que haya un sistema perfectamente diseñado para que podamos crear música en este universo que tenemos dentro del cráneo.

DOCTOR, VENGO A QUE ME OPERE DESPIERTO TOCANDO EL PIANO

«Jesús, soy Davide. Hace una semana tuve una crisis epiléptica. De pronto empecé a oír durante unos segundos sonidos muy agudos mezclados con muy graves realmente desagradables, junto con una sensación de mareo y desvanecimiento. Después de dos semanas así, me hicieron una resonancia magnética y me han diagnosticado un glioma de bajo grado. Los médicos me han dicho que está afectando a zonas complejas del cerebro y que debo operarme para evitar que evolucione a un tumor más agresivo. Quieren operarme mientras toco el piano. Estoy muy bloqueado, no sé qué hacer. Pero no puedo afrontar mi vida si no puedo volver a crear una sola nota.»

Davide y yo nos conocimos en Oxford. Davide es un pianista y compositor italiano, con el que recuerdo estar tres o cuatro horas hablando de los entresijos del proceso creativo. De cómo nacen las ideas, cómo las plasmamos en un papel pautado de cinco líneas, de lo misterioso de ese proceso de creación y de qué convierte una secuencia de notas en una emoción u otra. Estuvimos analizando a un compositor que nos fascina. Probablemente no sería nuestro máximo referente, pero sí un compositor que estudiar, sin duda. La ópera era *The Turn of the Screw* (*Otra vuelta de tuerca*), de Benjamin Britten. Me estaba estudiando al detalle esta obra para dirigirla, memorizándolo todo para intentar dirigir sin la partitura delante. Creo que es la obra que más me ha superado, honestamente. Es compleja y bella en la misma medida. Llevaba más de un mes preparándola con mi profesor de dirección de orquesta, Roberto Montenegro, quien fue uno de los alumnos aventajados de Sergiu Celibidache, el director de orquesta más influyente del siglo XX junto con Herbert von Karajan. Me sentía afortunado porque, de alguna manera, su conocimiento influenciaba mi desarrollo como músico. Comencé a estudiar dirección de orquesta cuando intenté dirigir por primera vez una obra que yo había compuesto. Y creo que los compositores tenemos la falsa sensación de que, al haber escrito nosotros la obra, podremos dirigirla, pero no es cierto. No tiene absolutamente nada que ver escribir una obra para orquesta sinfónica con dirigirla. La dirección de orquesta requiere un estudio profundo, es otro mundo, y yo sentía que me estaba formando con uno de los mejores. Muchas veces se cree que el director de orquesta solo agita una batuta para marcar el compás, pero no es cierto. Cuando marcas el *levare*, dando el tempo y la expresión para que entre la orquesta, es el momento justo en el que se crea la música. Ahí. Justo ahí. Sergiu Celibidache llevaba esto al extremo. Se negaba a grabar discos, porque sentía que cualquier reproducción de música no era música, perdiéndose la mayor parte de la información en el proceso. Y esto se traducía en su forma de analizar las obras. Tremendamente matemático, con todo calculado, pero a la vez dándole una importancia muy grande a cada mínimo detalle de la expresión, de la armonía. De buscar el clímax de la obra, de parar el ensayo cuando sientes que no hay «sustancia». No estaba pendiente de hacer movimientos grandilocuentes y ser el protagonista, sino de conducir el conjunto de la orquesta como si fuera un solo instrumento. Y yo me sentía cómodo en aquel método, esa forma de entender la dirección de orquesta es otra cosa, sin duda. Quizás porque me resonaba de alguna forma, pues era similar la forma de revolucionar el conocimiento y de enseñar —incluso la forma de hablar— de Celibidache y de Duffau, la pasión implícita en el mensaje que mandaban. No les importaban las consecuencias. No pretendían contentar a las masas ni a sus colegas de profesión. Tenían claro que habían visto una luz al otro lado del río, y eso se nota en cómo transmiten el mensaje. ¡Porque estaban seguros de lo que sentían! Hasta Celibidache, los directores de orquesta dirigían partituras, pero él fue más allá, él dirigía la música más allá del papel. Se preocupaba por esa «sustancia» que vehicula emociones y que apenas podemos definir intelectualmente. Sabía que las notas escritas no eran más que la «taquigrafía» de un mensaje. Duffau, por su parte, no opera tumores cerebrales, opera el cerebro humano. Sabe que el funcionamiento no puede ser entendido solo por lo que se ve. Porque lo que se ve, es decir, la estructura exterior, es bastante similar entre seres humanos; sin embargo, qué decir sobre la infinita cantidad de mundos que cada uno tiene en su cabeza, y las grandes diferencias en cómo entendemos la realidad, en cómo nos emocionamos... Créanme que eso no está en una, dos o tres regiones del cerebro. Duffau empezó a ponerle nombre y a tratar de medir eso: lo que no se ve. Los dos coincidían en la forma de estudiar su campo: veían la música y el cerebro como un sistema complejo en el sentido más literal. Según el biólogo y filósofo Ludwig von Bertalanffy, un sistema puede definirse como «un conjunto de elementos que interactúan entre ellos» y de cuyas interacciones surge un comportamiento «como un todo», más allá de cada uno de los elementos individuales.[1] Y los sistemas pueden ser reales o abstractos, de modo que podríamos entender tanto la música (abstracto) como el cerebro (real, biológico y vivo) como sistemas. Celibidache y Duffau, aunque nunca hablaron como tal de la teoría general de sistemas, estaban aplicándola sin ninguna duda. De hecho, cuando a Celibidache le preguntaban: «¿Qué es la música?», respondía: «Movimiento».

Pero ¿qué es la música? ¿Dónde se aloja en el cerebro? ¿Está localizada en alguna región? La música es una habilidad compleja del ser humano. Probablemente una de las más complejas. Más allá de ser un vehículo perfectamente diseñado para evocar emociones, la capacidad de crear e interpretar música requiere, además de habilidades motoras y auditivas, una interacción óptima entre diversas funciones cognitivas de alto orden y que van desde la percepción y la atención hasta la creatividad y el control emocional.

Un ejemplo de cuán evidente es que la música se comporta como un sistema es escuchar un acorde en do mayor (Figura 11).

Figura 11. Podemos observar el acorde de do mayor, formado por las notas (elementos individuales del sistema) do, mi y sol. Cuando los tres elementos interactúan, están formando un nuevo elemento fruto de esa interacción.

Cuando un piano o una orquesta sinfónica tocan un do mayor —aunque cada uno lo perciba de una forma— escuchamos un «todo». Pero en realidad está formado por elementos distintos superpuestos: las notas do, mi y sol, cada una con sus propiedades. Es decir, de la interacción de do, mi y sol nace un nuevo elemento: el acorde de do mayor. Esto es aplicable al cerebro humano, y sirve para entender por qué no tiene sentido asociar una región del cerebro a una función, de forma aislada, sin tener en cuenta que esa región coopera con otras formando una red. Y esa red a su vez opera con otra red. ¿Cómo podríamos definir el cerebro limitado a tres dimensiones del espacio o la música al papel en el que va escrita?

Cada vez que alguien me dice que tiene un tumor cerebral, por más que lo haya oído cientos de veces, algo se me retuerce dentro. Me resuena a cuando le diagnosticaron un glioblastoma a mi tío. Aquella experiencia emocional y sensorial, ese agujero en el estómago de alguna forma han permanecido en mí y se reproducen cada cierto tiempo. Es como si lo sintiera en cada paciente que viene a verme o que contacta conmigo por este motivo. Fue una vivencia muy dura. Y asumo convivir con ella para siempre.

Es difícil de comprender y de explicarle a alguien de tu misma edad que tiene un tumor y que necesita operarse. Ese era el caso de Davide. Siempre intento hacer hincapié en la realidad, y es que siempre podría ser peor. Cuando nos envió la resonancia magnética pude ver la lesión, que tenía claros signos de ser un glioma de bajo grado. A diferencia del glioblastoma, la velocidad de crecimiento del glioma de bajo grado es significativamente menor, pero cuando va creciendo y alcanzando un tamaño relevante, el riesgo de transformarse en un glioblastoma (máximo grado de agresividad) va aumentando. Por eso intentamos siempre hacer una cirugía precoz, preventiva, en los gliomas de bajo grado. Si mantenemos una actitud de «esperar y ver» ante un glioma de bajo grado, cuando se convierta en glioblastoma ya será tarde. El glioblastoma, en la mayoría de los casos, no da más de quince meses de vida, aproximadamente. Pero considero que ya sean tres meses, quince meses o diez años, las emociones y la calidad de vida son igual de importantes. El tumor de Davide se extendía por la superficie del lóbulo temporal y parietal, comenzando a propagarse hacia la profundidad, pero respetando aparentemente los tractos profundos. En mi mente estaba automatizada la pregunta de «dónde parar la extracción del tumor preservando la conectividad». Viendo la lesión, sabía que el tumor quedaba justo en una encrucijada donde podríamos encontrar el IFOF y las radiaciones acústicas. Estas son fibras que transportan la información sonora (por tanto, críticas para el procesamiento del sonido) desde el tálamo hasta la corteza auditiva. Pero más allá de la corteza cerebral (superficie del cerebro) involucrada en procesar la información del sonido, lo crucial en este caso era respetar los tractos profundos para mantener la conectividad de las redes neurales. La corteza cerebral tiene una grandísima capacidad plástica, no así el IFOF o el fascículo arcuato. ¡Tenemos que parar ahí la resección para preservar la calidad de vida! Y la única forma de hacerlo de una forma exacta es mediante la cirugía despierta. Ahí está la clave. Hay que buscar esas carreteras profundas durante la cirugía y, al estimularlas, obtener el «fallo» que esperaríamos obtener al desconectar transitoriamente cada una de estas carreteras. Así podemos saber dónde parar.

Todo esto se me pasaba por la cabeza mientras hablaba con Davide y miraba las imágenes de su resonancia magnética.

«Pero ¿me vas a operar mientras toco el piano? ¿Cómo nos podemos asegurar de que saldré con las capacidades intactas?»

En los últimos años se habían viralizado en redes sociales vídeos de pacientes tocando el violín o cantando mientras se les extirpaba un tumor cerebral. Había hablado sobre esto muchas veces con Duffau. No entendíamos por qué se abordaba esto así. Ahora les cuento por qué.

Si tuviera que resumir en una frase cómo ha evolucionado el conocimiento del cerebro en los últimos años, diría que hemos pasado de pensar que las funciones cerebrales están en un sitio a entender que se dan a causa de la interacción entre diferentes regiones: ciudades a lo largo de diferentes continentes que se encienden y se apagan orquestadamente. Sé que es difícil de entender, de imaginar. Como humanos, nos cuesta entenderlo; porque la taza que tengo a mi lado es blanca, no blanca y negra al mismo tiempo. Y el café está caliente, no frío y caliente simultáneamente. Pero tenemos que dar ese salto. Cuando veíamos en el cerebro de Yolanda (capítulo 1) dónde había un punto crítico para reconocer las emociones, no significa que esté justo ahí la emoción que no se puede ver, ni mucho menos. Se trata de un punto que, dentro de esa red o circuito que está en constante movimiento para ejercer la función de reconocer una emoción, es eléctricamente crítico, es decir, es donde se distorsiona la red. Pero el punto justo al lado, que estimulamos y que no da error, no es crítico. Está actuando, pero no es crítico. Se puede extirpar sin mayores consecuencias porque es una zona compensable. Por lo tanto, las funciones cognitivas complejas y sus derivadas —memoria, autoevaluación, razonamiento, planificación, toma de decisiones, emociones, etcétera— no están en un punto: surgen de la interacción de diferentes regiones espaciadas a lo largo del cerebro.

Para comprender mejor las funciones cognitivas de orden superior es necesario conocer los nuevos avances en el campo de la neurociencia de redes e introducirlos en la neurocirugía oncológica moderna. Basándonos en los recientes modelos teóricos propuestos por Thiebaut de Schotten y Forkel[2] y por Herbet y Duffau,[3] es importante destacar ciertos puntos que de alguna forma resumen lo que ya hemos comentado, pero permítanme que insista: 1) al igual que otros sistemas vivos complejos, dentro del cerebro humano deben considerarse no solo los elementos (regiones) que lo forman, sino las propiedades que surgen de la interacción de estos elementos (lo que hemos visto con el acorde de do mayor); 2) las funciones cognitivas complejas (emociones, memoria, proceso de empatía...) podrían nacer como fruto de la interacción transitoria entre varias redes. Esto quiere decir que toda una red puede interactuar con otra dando como fruto un estado transitorio (de fracciones de segundo) que permita generar cada uno de los comportamientos dirigidos ante los estímulos que se nos presentan. A esto se le denomina metarred —red que surge de la interacción de varias redes (Figura 12)—. Pongamos un ejemplo. Si estoy en mi casa haciendo una tarea concreta, como leer un libro, concentrado, y de pronto siento que me ha venido una idea musical... ¿Cuántas cosas pasan en mi cerebro en ese momento? Viene esa idea musical y empiezo a hacer *insight*, enfocándome en el yo y haciendo un proceso de introspección (red por defecto) para ver cómo continuar la melodía. Al mismo tiempo abro el portátil y comienzo a escribir la melodía (red frontoparietal), para enfocarme en la tarea, a la vez que voy teniendo sensaciones emocionales por lo que va sonando (red de saliencia) y voy decidiendo si sigo escribiendo o si sigo haciendo el ejercicio de crear la melodía en mi cabeza. Al mismo tiempo, para probar la melodía en el piano o en la guitarra, necesito tener mis habilidades motoras «en su lugar» (red motora), así como conciencia de mi propio cuerpo para saber dónde pongo las manos en el mástil (red atencional para la cognición espacial). Y de todas esas redes van surgiendo interacciones entre ellas, generando, por ejemplo, la emoción de disgusto o de esperanza al escuchar cómo va sonando aquella melodía a medida que le voy añadiendo los instrumentos de la orquesta. Quizás esto podría ayudarnos a hacernos una idea de esa interacción de redes. Como todo, está en movimiento constante.

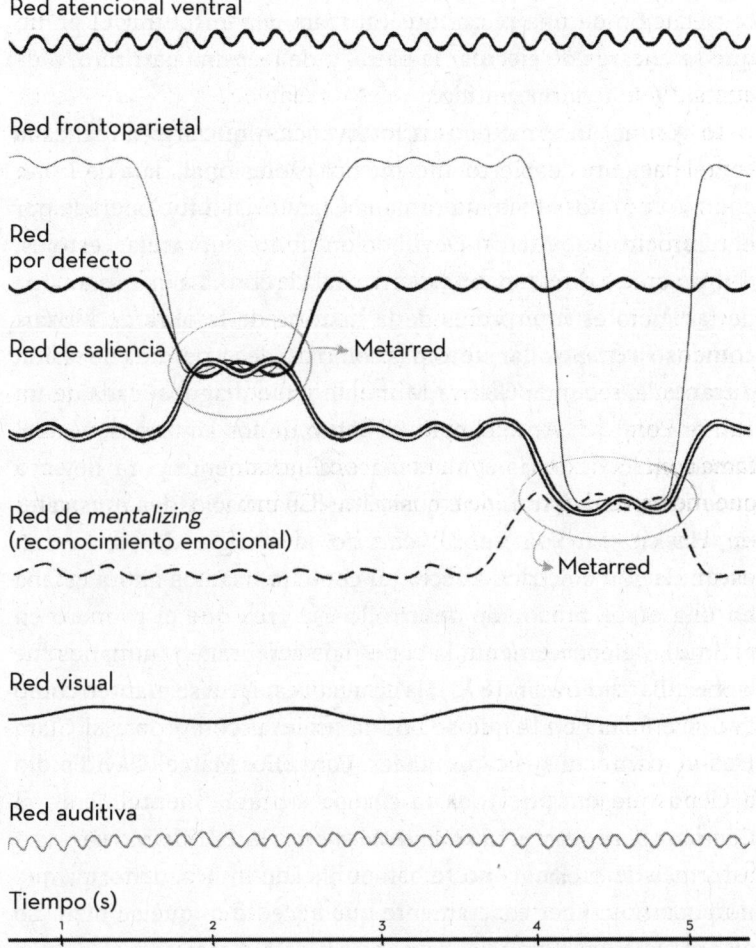

Figura 12. Ejemplo gráfico de cómo podríamos «ver» la interacción de varias redes. Cada onda correspondería a una red. A lo largo del eje del tiempo van actuando paralelamente y, en momentos determinados, algunas de ellas interactuarían generando una nueva red transitoria (metarred). Esto está basado en la teoría de metarredes neurales de Herbet y Duffau descrita en 2020.

Desde ese punto de vista, ¿cómo podríamos concebir que durante la ejecución de una pieza musical íbamos a encontrar el punto que se encarga de ejecutar la pieza, o de leer una partitura, o de cantar? ¡No tendría sentido!

El primer informe de una intervención quirúrgica realizada con el paciente despierto, una música profesional, data de 1942, cuando la famosa pianista rumana Clara Haskil fue operada por el neurocirujano Marcel David de un tumor supraselar, esto es, que no crecía directamente dentro del cerebro. La que fuera una de las mejores intérpretes de la historia de la obra de Mozart comenzó a desarrollar síntomas como cefalea y pérdida de visión durante la Segunda Guerra Mundial, y fue diagnosticada de un tumor cerebral. Ante el agravamiento de los síntomas, Marcel David viajó de París a Marsella exclusivamente para llevar a cabo la cirugía y tratar de conservar las capacidades musicales de Haskil. En esa época, cuando la cirugía despierta con estimulación eléctrica directa tal como la usamos ahora estaba en una etapa precoz de desarrollo (se cree que el primero en estimular eléctricamente la superficie cerebral en humanos fue Robert Bartholow en 1874), la cirugía despierta se planteó como la única forma en la que se podría intentar comprobar si Clara Haskil mantenía sus capacidades. Para ello, Marcel David pidió a Clara que durante toda la cirugía «tocara» mentalmente el *Concierto para piano n.º 9 en mi bemol mayor, K. 271* de Mozart. Los informes de la cirugía no se han publicado nunca, de forma que no podemos saber exactamente qué sucedió ni qué se hizo. Lo que sí sabemos es que el tumor no crecía directamente dentro del cerebro, sino en una región cerca de donde se aloja la glándula hipófisis: el espacio selar y supraselar. Esto implica que no tendría sentido llevar a cabo una cirugía despierta con estimulación eléctrica directa, puesto que el tumor no estaba invadiendo la masa cerebral y, de alguna forma, las redes neurales estaban a salvo.

El uso de la cirugía despierta para la esfera de la cognición y las funciones complejas ha sido, de alguna forma, dado de lado, y se ha avanzado muy poco a este respecto, salvo por el trabajo del equipo del profesor Duffau. Hasta ahora nos habíamos centrado (y en la mayoría de los lugares sigue siendo así) en evitar la pérdida de movilidad del lado contrario del cuerpo (hemiplejía) y la incapacidad para hablar o entender (afasia), sin consideraciones específicas sobre las funciones de orden superior. Y esto a pesar de que el mapeo de las regiones críticas de las funciones cognitivas se correlaciona, por ejemplo, con una mayor tasa de reincorporación al trabajo, que alcanza el 94-97 % tras la resección de la lesión en las series publicadas por Duffau.

Aunque la cirugía de Clara Haskil quizás nos parezca ahora insuficiente o no óptima por las diferentes razones expuestas, me parece que es de valorar que, en plena Segunda Guerra Mundial, con la falta de equipamiento e infraestructuras que ello supone, Marcel David viajase hasta Marsella expresamente para intentar ayudar a una paciente que tenía, como todos, sus particularidades. Hizo una «cirugía a la carta» de la forma que mejor pudo. Tres meses más tarde, Haskil estaba interpretando al aire libre el *Concierto en re menor K. 466* de Mozart en Marsella, aún con un vendaje circular en la cabeza y recién recuperada de la operación. Desde entonces, en la literatura médica se han ido describiendo algunos casos de cirugía despierta en músicos profesionales con tumores cerebrales, aplicando el estímulo eléctrico directo durante la interpretación musical tocando, por ejemplo, la guitarra o el violín, cantando, tarareando, reconociendo melodías o durante la lectura de partituras, como si estas habilidades musicales pudieran reducirse a una zona o red específica que pudiéramos mapear durante la cirugía. De acuerdo con la neurociencia de redes, esto no tiene sentido. Como ya hemos señalado, la capacidad musical se basa en un mosaico de procesos cognitivos y emocionales que interactúan constantemente de forma orquestada, y que se apoyan en varias redes. Y así lo habíamos publicado recientemente, demostrándolo con varios casos clínicos.[4] Por lo tanto, en la intervención de Davide nuestro principal objetivo no iba a ser buscar los «puntos» de la música, sino preservar su capacidad de reconocimiento emocional, su capacidad de atención, de hacer multitarea, de preservar su semántica (concepto de las cosas). Porque su música nace como fruto de la interacción de todo esto. Mantener estas redes, y permitir que interactúen entre ellas generando constantes reconfiguraciones espaciotemporales, es lo que permite a nuestra conación, cognición y emoción generar comportamientos complejos y adaptados a este mundo cambiante en cada segundo.

En lugar de plantear la cirugía de Davide centrada en que tocase el piano o leyese música, su cirugía a la carta se basaría en tres fases.

La primera fase fue una selección a medida de las funciones que mapear en la superficie cerebral, tanto dentro como en torno a la lesión tumoral de acuerdo con las redes neurales «en peligro».

Tras tener un «mapa» de los puntos críticos de las funciones cerebrales, procederíamos a la segunda fase, la resección del tumor. Durante la misma, Davide tendría que realizar los mismos test que durante la primera fase, también con una restricción de tiempo de 4 segundos, y alternando cognición semántica (asociación de objetos o cosas según su significado o concepto), reconocimiento emocional (cognición social) y autoevaluación (metacognición; tenía que decirnos cuán seguro estaba de su respuesta, generando la necesidad de evaluarse y tomar conciencia de sí mismo y de sus respuestas). Esto lo realizaría durante dos horas aproximadamente, dándonos información *online* de la preservación o no preservación de la dinámica entre redes neurales, y permitiéndonos así detener o cambiar el rumbo de la cirugía en caso de que hubiese cualquier tipo de alteración en sus respuestas o capacidades cognitivas. En este punto, mientras iba extrayendo el tumor con el aspirador quirúrgico, al mismo tiempo en mi mente tenía que ir analizando cada una de las respuestas, viendo si de pronto tardaba más en realizar las tareas, si se equivocaba, si paraba el movimiento, etcétera. Por ello es fundamental siempre tener en tu equipo uno o varios neuropsicólogos formados en este campo.

Por último, la tercera fase consistiría en identificar los puntos-stop para saber dónde detener la cirugía.

Rescatemos del capítulo 1 nuestros puntos-stop del conectoma. Estos puntos son aquellos lugares de nuestro cerebro donde la plasticidad es muy baja o nula y donde hay poca variabilidad entre sujetos. Esto es, generalmente, los océanos o carreteras profundas que lo mantienen todo conectado. Son estructuras funcionalmente complejas, de hecho, algunas de ellas llevan información de diferente tipo simultáneamente y en cada persona pueden responder de una forma cuando se le aplica la estimulación eléctrica con la intención de identificarlos, son estructuras que «siempre están allí». Y su preservación es lo que creemos que mantiene una óptima conectividad entre las redes neurales para un correcto funcionamiento de la cognición humana. Por ello, desde que vemos el tumor en la resonancia magnética, debemos pensar qué tractos profundos estarán en torno al tumor, y preparar aquellas tareas o test que serán necesarios para identificarlos. Nuestro límite no deben ser los márgenes del tumor, sino dónde están estos puntos-stop. No es que no sea importante dónde está el tumor, por supuesto que sí, pero lo que buscamos es no parar donde para el tumor, sino donde dar un paso más signifique romper la conectividad del sistema, de forma que maximicemos la probabilidad de conseguir una resección lo mayor posible alcanzando una mejor calidad de vida. Creemos que es importante esta visión de la neurocirugía oncológica desde una perspectiva de metarredes neurales.

Una vez que llevamos a cabo la primera fase —identificando primero, como siempre, nuestro punto de apoyo para dibujar el mapa, el *ventral premotor cortex*—, luego encontramos dos zonas críticas para el procesamiento semántico (Davide no podía establecer relaciones entre objetos por sus significados) y, por último, una zona crítica para el reconocimiento emocional. Tras tener el mapa de sus funciones cerebrales en la superficie, pasamos a la segunda fase. Las zonas libres dentro del «mapa» —es decir, donde no hay regiones críticas— serán por donde entre hacia el tumor.

Pido el coagulador bipolar y coagulo esta parte de la superficie cerebral para entrar a través de ella evitando que sangre. Pido entonces bisturí frío del 11 y abro la piamadre, esa fina capa transparente que recubre el tejido cerebral. Estoy dentro. Siento la adrenalina por la velocidad a la que va mi mente, que me permite mantener el foco. Cojo con la mano izquierda una pinza fina y con la derecha el aspirador quirúrgico y voy removiendo con cautela y poco a poco el tumor. Me voy abriendo paso en la mente de Davide mientras realiza, de forma constante, tareas de reconocimiento emocional, coordinación entre ambas manos y evaluación de sí mismo. Davide iba a una velocidad tremenda, no tardaba más de dos segundos en realizar cada tarea. Sabía que esta carrera era la más importante de su vida.

—¿Va todo bien? —me preguntó Davide, de pronto.

—¡Va increíble! Hemos extraído más de la mitad. En media hora lo tenemos. ¡Sigue así!

Aunque en ese momento es imposible ser consciente de mis propias emociones, cuando lo pienso ahora mismo, mientras lo escribo, me da vértigo. Seamos honestos: tenía la responsabilidad de que todo saliera bien, y no solo de extraer el tumor, sino de que, tras la cirugía, en cuestión de semanas, todo estuviera perfecto. Lo cierto es que durante la cirugía es el único momento en el que me siento totalmente ausente de emociones, en una suerte de bloqueo para poder hacer lo que hago. Sé que solo tengo dos horas y media para hacer la resección del tumor y buscar los límites. Es una carrera en la que no vale con llegar el primero. Tienes que llegar el primero y hacer récord. Cada vez. Todas las veces.

—Se me seca la boca, estoy agotado —me dijo.

Esto es habitual. Tras tanto tiempo hablando y haciendo tareas, los pacientes sienten la necesidad de al menos mojar los labios y la lengua para continuar.

—Estoy alcanzando los límites, cinco minutos más —le dije animándolo a dar un último empujón.

Sabía que me estaba acercando al límite medial, el IFOF estaba cerca, así que pedí que pasáramos a hacer solo tareas de reconocimiento de emociones. En ese momento, cuando sentía que estaba llegando al punto-stop, cogí el estimulador con la mano izquierda y el aspirador con la derecha, y mientras iba estimulando las zonas que no generan una alteración en el paciente iba aspirando.

Fallo.

—¿Has podido darte cuenta de que has fallado la emoción anterior? —le pregunté, sabiendo que había estimulado el IFOF, causándole un trastorno transitorio en su capacidad para reconocer la emoción.

—No lo sé. No lo tengo claro —me contestó.

Volví a estimular para estar seguro.

Fallo.

—¿Qué tal lo has hecho ahora, Davide? —le pregunté para confirmar que tenía alteración en el reconocimiento emocional y en la evaluación de lo que él mismo estaba haciendo.

—No lo sé. ¿Cuánto queda? —me contestó, sin darse cuenta de que estaba fallando las tareas cuando yo estimulaba. Empezaba a tener dificultades en la noción de sí mismo.

Continué aspirando hacia atrás y volví a estimular.

—Me está pasando lo mismo que cuando tuve la primera crisis —me dijo.

—¿El qué?

—He oído sonidos agudos y graves mezclados. Como una disonancia atronadora.

—¿Te sigue pasando?

—No, han sido unos segundos.

Vuelvo a estimular para confirmar.

—Ha vuelto la sensación.

Al volver a estimular y desencadenar la misma sensación durante la estimulación me parecía claro que había llegado a las radiaciones acústicas, nuestro otro punto-stop. La cirugía había terminado.

—Hemos terminado, lo has hecho genial, ya puedes descansar. Ahora te dormiremos y, en unos días, verás que podrás irte a casa. Enhorabuena. Me siento muy orgulloso de ti, nos vemos en un rato.

Hotel Only You, Atocha, Madrid. 16.58 h

Llevo tres horas escribiendo este capítulo. Volver a hablar con Davide y saber que está todo bien le da sentido a absolutamente todo. Cuando le pregunté cómo estaba todo, hizo un silencio y se sentó al piano. Tocó una versión jazz de «What a Wonderful World», la versión que yo había escrito para regalársela a Duffau hacía unos meses. Tenía demasiada importancia para mí. Me cayeron las lágrimas. Era el impulso que necesitaba para escribir estas líneas. Quizás hoy entiendo por qué pasó todo aquel 2013. Quizás sí. Era una señal de: ES AQUÍ.

Me pregunto, entre los últimos sorbos de este expreso, si hay algo más increíble que hacer música. Hacer música es poner orden a algo que ya existe: el sonido; y no es lo mismo el sonido que la música. El sonido, para ser música, necesita orden. Y esta facultad, hasta donde sabemos, es exclusiva de los seres humanos. No estoy de acuerdo con John Cage. No creo que la música esté en todos los sitios. Quizás tengo una visión antropocéntrica, pero estoy más del lado de Stravinski. Adoro escuchar el canto de los pájaros. Siento placer con el silencio. Tranquilidad con el ruido de las mareas. Nací en una isla. Viví quince años al lado del mar.

Llevo el sonido de la mar conmigo. Pero… Eso no es música. Música es ordenar los elementos sonoros para generar una emoción, da igual si la forma es barroca, romántica o atonal. Desde Bach hasta Schönberg. Me pregunto si hay algo más grande que hacer música. Y creo que sí. Es sentir que puedes ayudar a otro ser humano a que la siga haciendo.

Me siento afortunado.

INTERLUDIO
Resiliencia

Mi vida ha consistido en desafiar la autoridad, lo que me enseñaron de pequeña. La vida es puro ruido entre dos silencios abismales. Silencio antes de nacer, silencio después de la muerte.

ISABEL ALLENDE,
escritora y periodista chilena

5 de mayo de 2023. 06.45 h

Estoy en un tren camino a Madrid y suena «Now We Are Free», de Hans Zimmer. Esa canción se había convertido casi en un ritual. Dentro de mi constante tormenta de ideas y flujo mental desordenado, había cosas que siempre seguían el mismo patrón. La voz de Lisa Gerrard mientras escribo estas líneas me sigue erizando la piel; me pregunto cómo es posible hacer una banda sonora así. En todos aquellos trayectos Montpellier-Madrid de más de cinco horas y media, en algún momento sonaba ese himno de *Gladiator* que nos marcó a todos. Estaba sensible, nostálgico y melancólico. En realidad, creo que lo único que necesitaba era abrazar a mis padres. Hacía ya unos años que me había marchado de casa a trabajar en mis sueños de niño, y aunque mi relación con ellos ha sido siempre muy intensa, creo que me he refugiado del dolor tomando cierta distancia, y es que uno de mis talones de Aquiles es la alta sensibilidad. Y trato de refugiarme. Sabía que por esto ellos se habían perdido gran parte de mis impresiones de lo vivido en los últimos meses. Por suerte creo que solo han visto lo «bueno»: los periódicos, las noticias, los telediarios, etcétera. O al menos yo pensaba que solo les había llegado esa parte, aunque he aprendido a no infraestimar el sexto sentido de una madre. Me habían visto en los periódicos de todo el mundo y los pódcast más mediáticos. Millones de reproducciones. Pero apenas hablaba por teléfono o contaba cómo estaba, me limitaba a viajar de un lugar a otro e ir haciendo un proyecto y otro, y otro... Lo que no sabían era lo que supone este cambio drástico de perder el anonimato para siempre; no hace falta ser una estrella del *rock* para que eso te afecte, de verdad. Recuerdo una llamada con Pedro, mi mejor amigo y también neurocirujano: «Suerte en el pódcast con Jordi Wild, pero tras eso nada volverá a ser lo mismo». También recuerdo un mensaje del físico y divulgador (y ahora amigo) José Edelstein: «Ahora sí que se acabó el anonimato, cuando estuve con Jordi Wild me reconocía hasta el señor del bar del pueblo más remoto». Me daba miedo.

Necesitaba contarle todo con detalle a mis padres. Se lo merecían. Y Madrid me parecía un buen sitio. El restaurante Angelita, en concreto, donde el surtido de quesos y un vino con toque de yogur de frambuesa podrían hacerme olvidar las peores pesadillas. Incluida la que de alguna forma estaba viviendo. Pero tenía bonitos recuerdos de aquel lugar.

Todos sabemos lo que sucede cuando aparece alguien joven con ideas transgresoras y que no tiene miedo a decir que el sistema no funciona bien. Que cree que puede aportar algún tipo de solución, da igual en qué campo de la vida. Entendí que le podía pasar a cualquiera cuando leí *L'erreur de Broca* [El error de Broca], de Duffau, algunos fragmentos de la obra de Galileo Galilei, entrevistas al revolucionario cirujano Diego González Rivas o la historia de Federico García Lorca. Había algo que se repetía: la gente que cambia las cosas recibe de entrada un rechazo que roza o sobrepasa los extremos. Al diferente, las flechas. El profesor Duffau, mientras conseguía cambiar la esperanza de vida de los gliomas de bajo grado (de algunos años a más de quince) era criticado en Estados Unidos o en Francia; a la vez comenzaba a recoger premios por el mundo, por haber ido más allá. ¡Había dicho que el área de Broca no existe! ¿Hereje o un joven afortunadamente obsesionado por cambiar y avanzar en el conocimiento del cerebro? Es curioso que en la sociedad algunas cosas no hayan cambiado nada respecto a tres o cuatro siglos atrás. Galileo Galilei pasó sus últimos años entre rejas por decir que los cuerpos celestes no obedecían a la física aristotélica, que no giraban en torno a la Tierra. ¡Hereje! Y la vida le terminó dando la razón.

Pensar diferente va normalmente unido a generar desconfianza o que te digan que tienes delirios de grandeza. Siento la obligación, en este diario, de contar, sobre todo a los más jóvenes, la realidad de lo que he vivido, para que aprendan de mis errores, de aquello que no supe ver, y, sobre todo, que nunca se rindan en el camino a medida que vayan apareciendo los obstáculos. ¡No te asustes! ¡No sufras con la polarización de los halagos desmedidos y las críticas feroces! Tú sigue el camino. Sé resiliente. Porque ahí es donde está la verdad. No somos ni tan buenos ni tan malos. Esto es una carrera de fondo. Y al final, por más que en la carrera entre la verdad y la mentira, la mentira coja más velocidad y adelante a la verdad, es la verdad la que acaba pasando la línea de meta. Y quien expone una nueva idea, debe asumir que está «condenado» a demostrar si se confirma su hipótesis. Habrá muchos errores por el camino. Galileo reconoció que entre los más de sesenta telescopios que había construido, solo eran útiles un par de ellos. No acertó con la teoría sobre el movimiento de las mareas y con algunas otras teorías… así que ¿cómo no vamos a poder equivocarnos el resto de los mortales? ¡Lo que está prohibido es no dudar de las cosas! Los jóvenes no necesitamos obedecer porque sí (que me perdone Sócrates, que casi maldecía a los jóvenes que no servían a sus maestros ciegamente). Creo que se debe sembrar la duda para que el mundo cambie, en lugar de sembrar miedo, que es la base del autoritarismo. Que se lo pregunten a Isabel Allende. Hoy siento que tengo la responsabilidad de usar de la mejor forma posible este altavoz.

En realidad… yo ni siquiera sentía haber descubierto nada, solo creía estar viendo más allá de donde todos estaban mirando. Cuando miras todo el tiempo lo mismo con tanta pasión, algo aparece. No me lo planteo como una cuestión de genialidad. Ni de lejos, ni se me pasa por la cabeza. Es cuestión de insistencia, de obsesión por remar hacia el otro lado del río. Solo estaba construyendo telescopios para ver qué había más allá, aceptando equivocarme. Porque la obsesión (y el consecuente trabajo duro), estoy convencido, es lo único que puede vencer al talento. Como decía Camilo José Cela: «La inspiración es sentarme a escribir diez horas todos los días; de tanto tiempo frente a la máquina de escribir, algo sale». Pero desde febrero hasta mayo recibí o experimenté cosas bastante dispares, quizás representativas de la polarización que padecemos como sociedad. Este es el único capítulo, confieso, que he vuelto a escribir sin seguir el orden cronológico del resto. Lo he revisado, he cambiado cosas. Lo he borrado entero y lo he vuelto a escribir… Un poco de todo. ¿De verdad que tenía que soportar esto en una sociedad opuesta al cambio y donde la crítica era que llevara un pendiente en la oreja o que fuera compositor? Creo que mientras escribo esto, 23 de diciembre de 2023, en plena revisión de todo el libro, he comenzado el proceso de cambiar el rencor por la resiliencia. El rencor se te agarra a la espalda muy fuerte, y el camino se hace mucho más pesado. Ya no tengo tiempo para sentir rencor por quien no me ha tendido la mano. Tampoco para pensar en las puertas que se me cerraron, porque sería injusto. En abril no sabía que cuando se me cerraran algunas puertas, se me abrirían las ventanas del mundo. No sabía que conseguiría ir al otro lado del río. Prefiero olvidar llamadas, mensajes y otras cosas que algún día, cuando pasen los años, quizás explique. Me quedo con la infinita cantidad de mensajes de personas que se sentían agradecidas. Me siento tremendamente afortunado por estar siendo inspiración para alguien, y aunque solo sea un puñado de personas, eso bastaría para que todo tuviera sentido.

Después de haber visto lo que se hacía en Montpellier, y de empezar a entender por qué aquellos resultados eran mejores que los del resto del mundo, me parecía que tenía que propagar el mensaje. El test solo era una herramienta que validar, una inspiración fruto de otra forma de ver la neurocirugía. Sentía que tenía una posición privilegiada al estar tanto tiempo al lado de Duffau y su equipo. La suya no es solo la opinión de un experto y ya, como la de otros. Se trata de un científico que ha escrito más de quinientos artículos que han cambiado la neurocirugía al completo. Esto no es opinable. Y no se calla. Sin herramientas tecnológicas ni inversiones multimillonarias. Ha ido descubriendo, una por una, qué hacen las carreteras profundas del cerebro mediante la cirugía despierta, y ha cambiado la esperanza de vida en los gliomas de bajo grado de cinco-seis años a más de quince. Ha insistido en que no se pueden hacer protocolos para todos, que la neurocirugía debe establecer su abordaje en un plano individual; hacer una cirugía despierta «a la carta» porque cada persona es un mundo. Duffau es el único neurocirujano al que escuché decir que no se sentía especialmente orgulloso de ser eso: un neurocirujano, sino que a él lo que le preocupaba era entender el cerebro y mejorar la calidad de vida de los pacientes. Entrar en la mente del paciente haciendo el menor daño posible. Me enseñó que operar un cerebro es mucho más que aspirar un tumor como puro acto motor, que es lo que nos enseñan en gran parte del mundo durante la formación como residentes. Después del tiempo que pasé a su lado, no podía entender por qué la cirugía despierta no estaba más extendida y se usaba más allá de para preservar el lenguaje y el movimiento. ¿Cómo habríamos operado el tumor de Yolanda en el cíngulo sin comprobar en tiempo real si podíamos continuar la extracción o no?

Me preocupa que muchos de nuestros pacientes no puedan disfrutar de una calidad de vida normal porque más del 30 % tienen trastornos posteriores en las emociones, el comportamiento o la calidad de vida íntima. Y asumo que no voy a solucionar el mundo, pero al menos estamos poniendo nuestro esfuerzo en ello. También es cierto que no todos los tumores cerebrales te permiten una supervivencia de diez, quince o veinte años, y que, en casos de tumores muy agresivos, antes de la cirugía ya están afectadas muchas de las funciones cognitivas, por lo que poco puedes hacer para preservarlas, ni siquiera con cirugía despierta. Pero ¿y todos los demás? ¿Por qué rendirnos y no seguir buscando? ¡Quiero seguir!

10 de mayo de 2023. Hospital Gui de Chauliac, Montpellier. 7.30 h

Como siempre, allí estaba el profesor Duffau, mirando al suelo como si fuera el infinito, concentrado en reproducir en su mente toda la imaginería del conectoma del paciente que iba a operar. Era un momento de introspección. Recuerdo la primera vez que fui e intenté preguntarle algo. «Este tiempo es sagrado, lo siento», me respondió. Me quedé helado, aunque luego lo entendí. Tras más de ocho meses a su lado había algo que me seguía sorprendiendo. Y es que Duffau no usaba microscopio quirúrgico (un sistema que utilizamos para aumentar o hacer zoom y ver más de cerca el cerebro), neuronavegación (que nos guía para saber dónde está el tumor y qué estructuras fundamentales están en torno a él), ni coagulador bipolar en la profundidad (el instrumento quirúrgico que sirve para «quemar» los vasos sanguíneos cuando están produciendo sangrado durante la extracción del tumor). Daba una importancia crucial a las carreteras profundas, a los océanos. Porque, aunque la neurociencia aún no nos permita entender del todo cómo se relacionan las redes neurales, él sabe que la conectividad profunda es esencial para el funcionamiento de la cognición. Por lo tanto, él prefería «sufrir» (es incómodo operar con el sangrado, dificulta la visualización del tejido) y operar con algo de sangrado siempre que no fuera excesivo, para intentar no destruir la neuroplasticidad del conectoma que el paciente necesitaría para su posterior recuperación y retorno a una vida normal.

Honestamente, ese día lo único que quería era que terminara la cirugía para contarle lo que me estaba pasando. Sentía que había un vínculo de verdad, por más respeto que le tuviera. Los miedos, las inseguridades, las dificultades por el camino… No podía más. Llegué a estar a punto de dejarlo todo y de escribirle a Álvaro para decirle que dejaba la medicina, que me iba a dedicar únicamente a hacer bandas sonoras. Y ya. Hablé con mi padre, había pensado volverme a Canarias, pero él me recordó cuál era mi ilusión desde niño con un «lo estás haciendo bien, estás cumpliendo tus sueños muy pronto, eres afortunado». También hablé con Pedro, el principal apoyo que he tenido en la neurocirugía: «Estás en una situación privilegiada». Es cierto que a veces es necesario tocar fondo.

Al terminar la cirugía, aunque estaba enfocado en concertar una cita para contarle lo que estaba pasando, Duffau hizo que lo olvidara todo en diez minutos. Volvimos a tener esa fascinante discusión que llevábamos teniendo los últimos ocho meses sobre si la pérdida del *self-awareness* (el conocimiento de uno mismo o de lo que nos pasa) implicaba una pérdida de la metacognición (conocimiento sobre el conocimiento de cualquiera de nuestros dominios de la cognición: memoria, atención y lenguaje). Esas cosas que no sé si volveré a tener con quién discutirlas y disfrutarlas. Estar allí, vivir eso junto a aquellas mentes, que sé que pasarán a la historia, me hizo sentirme profundamente afortunado. La calidad humana de este equipo era tal que incluso teniendo ideas diferentes sobre algunos conceptos podían seguir construyendo e inspirando a neurocientíficos, neuropsicólogos y neurocirujanos a ir un paso más allá. Por algo son el centro de referencia mundial en cirugía despierta. Sin neuronavegadores de tres millones de euros, sin artilugios ni fuegos artificiales.

Cuando acabó la discusión, con esa sensación que tienes cuando hablas con alguien y no sabes qué decir o cómo empezar, le dije:

—Profesor, necesito hablar con usted.

—A las 14.00 h en mi despacho —dijo mirándome con unos ojos que me tranquilizaron.

—*D'accord* —titubeé en un francés poco brillante.

A las 13.59 h estaba en la puerta de la consulta. Me llamó para entrar.

—*Please, come in.*

Al sentarme, escuchaba los latidos de mi corazón de lo fuerte que bombeaba. Estaba francamente nervioso, a pesar de que no había realmente un drama o algo que no tuviera solución. Pero fue nuestra primera conversación entre dos seres humanos, y no pupilo-mentor. Esa hora... Creo que transcribir lo que hablamos sería traspasar la barrera de aquellas cosas que vivimos una vez en la vida y que solo de contarlas pierden el sentido. Y por respeto. Pero podría resumirlo en que nunca habría esperado sentir la empatía de alguien que ha cambiado mi forma de ver el mundo. Porque además de ser músicos, compartíamos más cosas. Admiro a los seres humanos que son capaces de decir lo que sienten y lo que saben sin estar preocupados por las opiniones. Que cambian las cosas de verdad. Porque sí. Porque todos necesitamos un referente para seguir adelante. Y yo le iba a estar eternamente agradecido.

Nos miramos varios minutos. Y solo pude decirle: «Gracias, profesor». Ese abrazo con los ojos me recordó a los de mi padre. Me levanté de la silla y salí del despacho. Cuando estaba agarrando el pomo de la puerta, le dije:

—Creo que he entendido que es cierto que, en el juego de la vida, si quieres ir un paso más allá, tienes que aceptar el riesgo de ser ofensivo.

CAPÍTULO 5
Tenemos los resultados

14 de junio de 2023. Instituto Guttmann, Barcelona. 9.00 h

Había cogido un bus a las 03.50 de la madrugada desde Montpellier para llegar a tiempo a la sesión clínica entre investigadores y clínicos en el Instituto Guttmann. Era la única forma que tenía de llegar a todos los sitios: viajar de madrugada. Lo había tomado casi como un hábito.

06.40 h. Mientras miraba tranquilamente por la ventana del bus, justo llegando a Girona, sonó el teléfono. Era María, desde Los Ángeles.

—Vamos a adaptar el guion cinematográfico de la muerte de Lorca de Raquel Trujillo al teatro. Necesitamos la banda sonora para los dos proyectos.

—No puedo con más proyectos, María, no doy para más. Y no puedo decirte que sí porque creo que lo que queda de año será bastante movido y complejo; además, he de terminar el máster en dirección de orquesta —le contesté con un nudo en la garganta, pues es muy duro renunciar a crear aquello para lo que sientes que naciste. Demasiado duro.

—Queremos tu música. Saca tiempo como sea. Te enviamos el guion.

—María, no puedo.

—Tú puedes con todo.

Lo más difícil de todo lo que estaba pasando no era la gestión de la situación, sino más bien los miedos, las inseguridades. El no saber si era capaz de volver a enfrentarme al síndrome de la página en blanco, no poder escribir una sola nota y no llegar a tiempo, por más que este fuera uno de los proyectos que más ilusión me podían hacer. Todo amante del arte y la literatura daría lo que fuera por saber cómo murió Lorca. Todos creemos que fue por su orientación política y sexual, pero ¿qué había de verdad en ello? Todos querríamos saberlo. Sabía que el guion iba a entusiasmarme, pero me preocupaba no llegar a todo. Y aún más me preocupaba no saber gestionar en ese momento la frustración del bloqueo creativo. Ese lugar al que llegamos todos los compositores.

A los quince minutos me llegó el guion al correo electrónico. *El último verso*. Lo abrí y no paré hasta que llegamos a la Estació del Nord en Barcelona. Me bajé del bus, tomé un expreso doble y marché hacia la Guttmann. Era la primera vez que tenía sesión clínica presencial con ellos y era consciente del honor que suponía que un instituto de ese calibre quisiera contar conmigo como neurocirujano y neurocientífico, así como su interés por el mapeo intraoperatorio de las emociones o la cognición social. Estábamos consiguiendo cosas innovadoras y con potenciales grandes resultados. Reflexionamos, antes de la reunión, sobre el hecho de divulgar en neurociencia. Estamos en la época de hacer divulgación sobre el cortisol, la oxitocina o cómo buscar a nuestra persona vitamina. O de pensar que la IA es inteligente y vamos a tener robots conscientes. Lo respeto, pero creo que no estamos enseñándole el mundo real a la gente, solo una parte muy pequeña. Quizás esté siendo tajante, pero cuando estás dentro del cerebro, interrogándolo en tiempo real, y empiezas a entender cómo esas redes surgen de la interacción de otras redes, y cómo esto organiza nuestro comportamiento y quiénes somos… no logro entender la mayor parte de las cosas que suceden en el cerebro de cada paciente, pero sí sé que reducir las emociones y la cognición social al cortisol y la oxitocina es, cuando menos, inexacto. Casi diría que injusto.

A las 11.05 h, el neurocientífico Kilian Abellaneda Pérez me ofrece el tercer café del día. Llevamos toda la mañana haciendo una lluvia de ideas sobre los pacientes previamente intervenidos dentro del ensayo clínico PREHABILITA, codirigido por el doctor Josep M. Tormos, con colaboradores del nivel del doctor Álvaro Pascual-Leone, profesor en la Universidad de Harvard. Ya habían pasado demasiadas cosas en solo tres o cuatro meses (los más largos de mi vida, para ser honesto). Me había quedado claro que el tiempo es relativo. Pero todo parecía ir encajando como las piezas de un puzle imaginario. Ya sabíamos que el test de las emociones (*e-motions test*) funcionaba y permitía preservar el procesamiento emocional en los pacientes que habíamos intervenido. Solo teníamos que continuar con la validación, persistir. Pero creo que los resultados que estábamos obteniendo no solo eran por el test. Sería absurdo pensar eso, que solo con aplicarlo durante la cirugía se conseguirían tales resultados. Era una mezcla de cosas. Era una herramienta que había surgido de estudiar obsesivamente las emociones y la cognición social, junto con una gran coordinación en el quirófano y, sobre todo, saber dónde detener la cirugía: sí, los puntos-stop. Pero yo quería ir un paso más allá. Y para ello necesitaba trabajar en equipo, y si era posible, rodearme de gente que tuviera una forma similar de ver la vida. Fue cuando me encontré con Kilian Abellaneda Pérez, doctor en neurociencias y coinvestigador principal del ensayo clínico PREHABILITA. Un neurocientífico brillante que trabaja en el Instituto Guttmann, imparte clases en distintas universidades y también colabora con la Universidad de Harvard, con un talento y una capacidad de razonamiento abstracto que no veía hace tiempo. No entendía por qué no nos habíamos cruzado antes. Era la mente que necesitaba y que no encontraba en el mundo de la neurocirugía. Él pensaba en números. Las redes no eran dibujos: eran matrices de datos. Es como cuando vemos las imágenes «bonitas» del sistema solar… solo son el último paso tras un gran procesamiento basado en números, relaciones de datos.

Había un test que se había usado en neurocirugía para tratar de leer la mente de otra persona, adaptado de otros campos, como el trastorno del espectro autista (el test RME, *Read the Mind in the Eyes*, en inglés). Pero la consistencia estadística del mismo era baja, y hasta un 25-30 % de los pacientes salía con trastornos en el proceso de la empatía incluso cuando este test se usaba durante la cirugía. Aunque había demostrado utilidad, creíamos poder mejorarlo, por eso quise crear uno nuevo. La idea no era desplazar nada, sino crear algo más allá. Concretamente, el sueño, por los motivos que ya hemos ido viendo, era crear el primer test que naciera específicamente para el quirófano, para la neurocirugía. No adaptar otros test. No podíamos seguir utilizando un test creado hace treinta años que solo muestra miradas en blanco y negro, estáticas, y que es empleado para el trastorno del espectro autista. Creo que necesitábamos algo más. Monitorear al milímetro a actores realizando emociones complejas y poder ver la cara entera y en movimiento, algo que fuera lo más parecido posible a lo que vemos día a día al mirar la cara de alguien. Y lo hice. Sucedió. Pero demostrar la validez de algo no solo era complicado, sino que quería hacerlo en varios idiomas y en varios países. Me daba igual lo que costara. Estaba seguro de que lo conseguiríamos. Y validarlo no es solo demostrar que tus pacientes conservan el reconocimiento de las emociones y todo el proceso de empatía, sino ver, en cuestión de datos, qué red o redes es capaz de identificar el test durante la cirugía.

—Kilian, ¿y si cogemos las coordenadas de cada zona crítica de las emociones en los pacientes que hemos operado con el test y comprobamos si obedecen a algún patrón eléctrico de redes neurales? —le pregunté, con cierto miedo. Miedo al fracaso. Ese miedo que tenemos cuando construimos algo y nuestra mente nos pone el obstáculo de «¿y si no es para tanto?». Pero sentía que era el momento.

Saqué las coordenadas de cada región crítica para el reconocimiento emocional que habíamos visto en cada uno de los pacientes que había operado. En un principio, mi conclusión era clara: y era que no parecía haber ningún patrón. No coincidía en el mismo centímetro ni un solo punto entre los pacientes. Ni uno. Se supone que esto debería ser así cuando hablamos de funciones tan complejas, ¿no? ¿Cómo nos van a decir que las funciones en el cerebro tienen sitios fijos? La quinta dimensión, aunque fuera en un sentido conceptual, estaba clara.

Creo que lo que se nos pasó a Kilian y a mí por la cabeza fue exactamente lo mismo. Sin tener un patrón claro a simple vista, ¿qué había debajo de aquello? ¿Qué estaría pasando en el plano «eléctrico» en las principales redes eléctricas del cerebro? ¿Y si realmente sí había un patrón y el test identificaba puntos críticos de las redes, y para ello solo teníamos que quitarle zoom a nuestra óptica? Es más, ¿y si viéramos que realmente no hay diferencias eléctricas respecto al procesamiento emocional en el hemisferio izquierdo y derecho, aunque solo fuera analizando a unos pocos pacientes? Esta era una de nuestras hipótesis. Y la sensación era: bueno, probemos. Pero fueron los peores treinta minutos que recuerdo. Porque si no encontrábamos ningún dato mínimamente concluyente, aunque sabíamos que el test podía funcionar porque los pacientes operados preservaban su cognición social (percepción de emociones y toma de decisiones en situaciones sociales cotidianas), no tendríamos un resultado neurocientífico claro. En números. Tangible. Cartesiano.

—¿Y si no analizamos solo si se corresponden con alguna de las redes eléctricas del cerebro, sino que se trate de puntos críticos donde varias de las redes cognitivas se unan? —me dijo Kilian sin creerse él mismo la pregunta.

—¿Te refieres a si los puntos que identifica el test fueran esas zonas críticas que permiten el ensamblaje de varias redes de larga escala, que son fundamentales para la cognición?

Aquello me sonaba a ciencia ficción. Es decir, sí me esperaba que esos puntos que identificamos eléctricamente fueran parte, por ejemplo, de la red por defecto, porque no podemos percibir la emoción de otro si no tenemos de base la nuestra propia, el «yo». Pero ¿puntos donde se unieran las tres redes neuronales de alto orden principales? Ni en mis mejores sueños. Estuve a punto de decirle: «No, simplemente analiza si sigue algún patrón superponible a alguna de las redes principales».

—Es casi imposible que encontremos estos datos, más aún cuando tenemos a una paciente políglota con un tumor en el hemisferio izquierdo [capítulo 3], donde el lenguaje es muy predominante. Es muy difícil que esas áreas críticas de las emociones en medio de tantas áreas de lenguaje sigan el patrón que puede existir en las del hemisferio derecho. Pero intentémoslo —respondió Kilian, escéptico.

Automáticamente Kilian abrió su estación, los *softwares*, introdujo las coordenadas... y comenzamos la computación y análisis de redes. Yo le miraba atónito mientras tecleaba. Independientemente del resultado final, lo habíamos hecho. Habíamos intentado ir un paso más allá, y continuábamos comprobando que todo estaba conectado. Pero necesitábamos sacar datos objetivos de ello. Hallar algo que nos diera la fuerza para seguir. Y allí estaba, en el Instituto Guttmann. La vida me estaba poniendo gente increíble a mi lado. Kilian terminó de hacer los análisis.

—He acabado... —me dijo con una cara que aún no podría describir si era de sorpresa, enfado o decepción.

—Dime algo, ¿qué has encontrado? —pregunté pensando por dentro todas las cosas y situaciones que habíamos vivido esos meses.

—La mayoría de las zonas que identifica el test en tus pacientes son regiones que implican las tres redes principales de alto orden: la red por defecto, la red de saliencia y la red frontoparietal... Te juro que no me esperaba que fuéramos a ver esto. De hecho, voy a volver a comprobarlo. Repíteme las coordenadas una a una —me dijo Kilian con una alegría y un entusiasmo que no olvidaremos nunca.

—¿Estás seguro? ¿Las tres redes? ¿O sea, confirmamos la hipótesis?

—Voy a volver a comprobarlo —me dijo.

Se gira de la silla. Me mira. Estábamos en una de las salas de trabajo, con mucha gente alrededor, pero por un rato me olvidé de la existencia de todos. Solo miraba a la pantalla.

—Son pocos pacientes, de momento, pero sí. En todos los casos podríamos decir que tenemos resultados consistentes. Te juro que no lo esperaba. Pero parece muy claro.

—¿También en el hemisferio izquierdo? ¿Seguro? —insistí.

—Seguro… —Y una sonrisa de oreja a oreja.

Lloré por dentro. Sé que se trataba de unos datos preliminares. Cierto. Que no habíamos aún operado con esta técnica a más de ocho pacientes en ese momento. Cierto. Pero hablamos de números. Y cuando los números son significativos, lo son. No son opinables, aunque sí interpretables. Son lo que son… Y, a primera vista, y de momento, parecían robustos y contundentes. Pasaron todos los filtros y límites habituales de estos análisis. Lo comprobamos tres veces. Parecían reales.

Reflexionaba… ¿Cómo seguir escribiendo libros diciendo que toda la emoción pasa por la amígdala? ¿O hablando de la corteza prefrontal? Quizás estábamos empezando a cambiar algunas cosas. No podríamos seguir hablando de las funciones cerebrales como si el cerebro fuera un conjunto de continentes aislados. Ya sabemos los continentes que tiene el planeta Tierra. Ya sabemos que tenemos diferentes lóbulos. Pero la función cerebral tenemos que medirla en forma de electricidad, no por cómo se ve el cerebro por fuera. Hablaríamos de las redes de ciudades que se iluminan sincrónicamente a lo largo de cada uno de los continentes. Hablaríamos de redes a larga escala en movimiento, reconfigurándose cada segundo. ¿Cómo íbamos a explicar el cerebro como si fuera algo inmóvil?

—¿De verdad hemos conseguido con el test hacer un mapa de zonas que involucran la red frontoparietal, la red de saliencia o la red por defecto? —insistí a Kilian.

—Sí… particularmente parece clara la implicación de la red de saliencia, que funciona de árbitro entre las otras dos, según algunos modelos neurocientíficos.

—Así… ¿es como si estas tres redes estuvieran oscilando constantemente, y cuando se aplica el estímulo eléctrico en un punto concreto y el paciente no puede reconocer la emoción, es porque esos puntos críticos distorsionan de alguna forma ese ensamblaje continuo de las redes? —pregunté, aunque sabía que los dos estábamos pensando lo mismo.

—Creo que sí. Serían como esos puntos donde se rompe la estabilidad de la unión de estas tres redes de alto orden —me dijo, intuyendo que parecía algo muy poco estudiado previamente de esta forma.

Las zonas que el test nos permitía identificar iban más allá de la red de *mentalizing* (mentalización o reconocimiento de caras en inglés). Otros estudios habían demostrado que el RME (el test de las miradas) es capaz de «mapear» o encontrar los nodos críticos de esa red. Pero ¡aquí estábamos identificando los puntos críticos del engranaje de las tres redes más importantes de la cognición humana! ¡Mucho más allá de la red de *mentalizing*! Solo por esto, TODO EL ESFUERZO HABÍA MERECIDO LA PENA.

Eran datos preliminares. Hipotéticos. Pero tangibles y, de momento, demostrados.

¿Qué significaba todo esto? ¿Cuáles eran sus implicaciones? ¿Qué proceso mental medía el test si conseguíamos «mapear» las tres redes en su conjunto?

—Creo que he entendido algo… —le dije a Kilian.

Era posible que el test estuviera midiendo no solo la percepción o el reconocimiento de emociones, sino los tres procesos que subyacen a la empatía: reconocer la emoción (primer nivel), sentirla en espejo (segundo nivel) y el más alto o cognitivo-reflexivo (tercer nivel). Como si en esos 4-5 segundos al paciente le diera tiempo a hacer una pequeña reflexión de qué haríamos con lo que está sintiendo ese actor profesional mostrado a modo de avatar. Esto significaba mucho. De hecho, era la clave de todo. Era realmente una demostración eléctrica de que posiblemente, y a falta de confirmar con más pacientes, estuviéramos midiendo de forma más extensa todo el proceso que tiene que ver con las emociones. Estas necesitan verse, entenderse y aplicarse según qué contexto. Y en los 4-5 segundos que dura nuestra «pregunta» a la mente del paciente no podemos hacer milagros y medirlo todo, pero… estaban pasando cosas, probablemente muchas, y a mucha velocidad.

Lo que se había hecho hasta ahora era útil, pero podíamos luchar por mejores resultados. ¿Por qué? Porque más del 20 % de los pacientes, incluso aunque algunos de ellos vuelvan al trabajo, se ven afectados en su vida familiar, emocional e íntima. Algo cambia. Y por eso queríamos ir más allá. Y porque no me puedo permitir que un músico deje de sentir la melancolía de Joe Hisaishi tocando el piano, o la heroicidad de la *Novena* de Beethoven, o la maestría de la *Tercera* de Mahler. Porque no puedo permitirme que un paciente con un glioma de bajo grado al que le pueda dar más de quince años de vida tenga una actividad laboral y social normal, pero no pueda reconocer las emociones de su pareja en el día a día. O que Davide (capítulo 4) pueda ver las emociones que le muestro, pero no pueda incorporarse al día a día de una orquesta sinfónica, donde lo más difícil no es tocar la partitura, sino saber gestionar a los compañeros, adaptarse socialmente a las circunstancias, es decir, el componente más alto del proceso de la empatía.

Pero ¿qué pasa con este porcentaje de pacientes que no preservan al completo el proceso de empatía, sino una parte de este? Cuando pasas a los pacientes los tests para cada uno de los subprocesos que subyacen a la empatía puedes ver que, aunque les pongas pruebas de cómo reaccionar en una situación social (tercer nivel o reflexivo), presentan valores normales, pero cuando les pasas un test en el que solo tienen que percibir la emoción (primer nivel o perceptivo), no llegan a los valores normales, se quedan por debajo. ¿Cómo es posible? Porque parece que estos tres componentes del proceso de la empatía pueden compensarse. Cuando una de las patas falla, las otras dos compensan, resisten. Y en otro porcentaje de estos pacientes, sucede justo al revés: pueden percibir perfectamente las emociones en las caras, y sentirlas en espejo, pero no pueden tomar decisiones correctas en contextos sociales. Y pensar que en la mayoría de los hospitales del mundo no contamos con neuropsicólogos para valorar cómo quedan y evolucionan nuestros pacientes... En algún congreso escuché eso de: «Las funciones cognitivas complejas se recuperan por sí mismas con el paso del tiempo tras la cirugía». «¿De verdad?», pensaba yo. «¡No es cierto! Pero ¿dónde están los test realizados por un neuropsicólogo? ¿Has valorado cómo ha afectado a la calidad de vida íntima del paciente, y qué test has pasado para valorarlo? ¿Has preguntado si ha vuelto al trabajo? ¿Has hablado con su hijo para ver si su padre ha cambiado la forma de comportarse? ¿A qué te refieres con funciones cognitivas? ¿Cómo íbamos a darnos cuenta de esto si solo comprobamos si el paciente habla y se mueve? Es imposible. Necesitas horas y horas de conocer al ser humano que tienes delante y al que vas a abrirle el cráneo. Horas y horas de valoración neuropsicológica, porque este tipo de funciones mentales no se ven. Necesitas pasar test y test para valorar, no solo cada proceso, sino los subprocesos que hay debajo.» Había hablado de esto con Anne-Laure Lemaitre, la neuropsicóloga de Duffau, un ser extremadamente inteligente y amable. Si algo había hecho Duffau bien era rodearse de gente increíble. Qué cierto es que quien nos rodea habla de quiénes somos. Y cuando alguien se rodea así, significa que no estamos ante un ser humano más. Mi obligación, como pupilo de Duffau (que continuaré siendo el resto de mi vida), era intentar ir más allá.

—No estás aquí para salir de Montpellier y replicar o reproducir mis resultados… —Hizo una pausa, mirándome fijamente—. Estás aquí para mejorarlos. Para ir más allá. Y para seguirte preocupando por las emociones, la cognición y la mente humana. Para seguir siendo un neurocientífico que haga de neurocirujano, y no un neurocirujano y ya. Porque el cerebro no está hecho para que lo simplifiquemos. El cerebro es complejo, y no voy a simplificar mi mensaje para que otros lo entiendan. De hecho, después de más de treinta años haciendo esto, empiezo a entender algunas cosas.

Sonreí. Asentí con la cabeza.

—No voy a parar, profesor. Le juro que no voy a parar. Iré por el mundo llevando esta forma de hacer las cosas. Sé quién quiero ser —le contesté, manteniéndonos la mirada firme.

—Y nunca olvides que cada cirugía es tu obra musical más importante, y que esta empieza en el momento en el que miras al paciente a los ojos.

CAPÍTULO 6

¿Por qué has llorado?

Fecho os olhos, vejo-te perto
Quero por tudo que isto dê certo
Vai-me contando do aí dentro
Oxalá digas que sentes o mesmo
Sei que o amanhã pode não ser
Pois vivamos agora o que tem de ser
E pensa-me esta noite
Sei que estou longe mas conto
os dias p'ra te ver

«Oxalá»,
Maro, cantante portuguesa

15 de mayo de 2023. Sète, Francia. 14.00 h

Suena «Oxalá», de Maro, en mis auriculares.

La última vez que estuve en Sète, la Venecia del sur de Francia, fue con Augusto Esmeraldo, un neurocirujano brasileño que vino a visitar a Duffau durante un mes. Era su segunda vez en Montpellier. Por alguna razón, congeniamos y nos hicimos amigos. Seis o siete meses después, allí estaba yo, con los pies en el agua tomándome un café, entre la nostalgia y la melancolía. Reflexionaba acerca de que, después de casi un año en Francia, y de cientos de neurocirujanos que habían visitado el hospital, no había conseguido establecer un vínculo profundo con casi ninguno. Quizás era mi forma de ser, o mi momento vital. Como si la madurez te fuera llevando a un lugar donde ya no te apetece compartir con todo el mundo. Pero con Augusto, a pesar de que estábamos en épocas vitales diferentes, me sentía en plena consonancia. Supimos desde el primer momento que de ahí saldría una gran amistad. Siempre me sentí más a salvo con amigos que tuvieran mucha más experiencia de vida que yo. Siempre nos viene bien que alguien nos avise del peligro, que nos invite a tener perspectiva y que nos recuerde eso: que la vida es una carrera de fondo en la que la felicidad es una decisión.

Cuando digo que lo dejé todo en Canarias, es porque fue así. Dejé un contrato que podría haberme dado tranquilidad en los siguientes veinte años de vida. Tenía la universidad al lado para poder compaginar la investigación, tenía a mis amigos… Pero necesitaba irme. No quería quedarme con aquello, aunque no fuese poco. De niño pensaba que cuando fuera médico todo sería perfecto. Lo seguí pensando durante la carrera de Medicina, buscando ese momento en el que graduarme y abrazar a mis padres. Luego me di cuenta de que no, de que cumplir ese objetivo no era la felicidad. Pensé que quizás siendo neurocirujano sí. Si alcanzaba aquello, todo sería perfecto y lo tendría todo para ser feliz. Pero tampoco. Me di cuenta de que no, de que subimos la montaña ansiosos buscando alcanzar la cima, pensando que arriba se estará bien, pero lo que está bien es disfrutar de todo el proceso. Cuando llegas allí, ya no hay más. Ya. Es una puerta al vacío. Por eso, por esa falta de madurez, necesitaba realmente dar otro paso y tratar de aprender a disfrutar del camino. Este pasaba por Montpellier y por enfrentarme de nuevo con algo que a todos nos cuesta asimilar: darnos cuenta de que no sabemos nada. Cuando veía operar a Duffau tan de cerca, y veía cómo él lo tenía todo tan claro en su cabeza, entendí que quería disfrutar del proceso de saber que yo no sabía nada.

Él lo tenía todo claro, se ponía de pie frente al paciente, siempre colocado de lado en la mesa de operaciones, derecha o izquierda, y visualizaba desde fuera todos esos tractos profundos que recorren el cerebro. Él sabía con exactitud cuándo tenía que detener la resección del tumor, identificando perfectamente todos esos cables profundos, previendo qué iba a suceder y cómo. Aquella neurocirugía era otra cosa muy diferente a la que me habían enseñado.

Pero por momentos me frustraba. Pretendía que todo saliera rápido y a la primera, navegando entre la frustración y el síndrome del impostor. La editorial Paidós, del Grupo Planeta, me había ofrecido escribir un libro sobre lo que estaba haciendo, sobre mi vida, sobre los avances en la neurocirugía que estábamos intentando llevar a cabo. ¿De verdad? Pero si tan solo hacía unos años que había salido del lugar donde más tarde se pone el sol en Europa, de una isla de ochenta mil personas, La Palma. Me invadía la sensación de «¿y si no es para tanto?». Da miedo cuando escuchas las primeras veces: «Eres mi referente». Por momentos no sabía ni cómo enfocarlo, y lo mismo me ha ido sucediendo con la escritura de este diario. Y hasta este capítulo 6, honestamente, me he ido descubriendo a mí mismo. Así, en frases cortas. Contando las cosas como las siento. No puedo hacer un tratado de neurocirugía con treinta años; tampoco lo pretendo. Pero sí puedo contarles qué pasa por mi cabeza y por qué creo que podemos dar pasos más allá en la neurocirugía o en el conocimiento del funcionamiento cerebral. Eso sí.

Recuerdo las primeras veces que hablé con Guillaume Herbet, uno de los neuropsicólogos del equipo del profesor Duffau y uno de los neurocientíficos más brillantes de nuestra era. Salí de su despacho diciendo: «No sé nada. Necesito estudiar». Pero no entiendo cómo hubo momentos en los que eso lo vi como algo negativo. Me estaba olvidando, de nuevo, de disfrutar la subida de la montaña. No había ningún lugar en el mundo donde hubiera más conocimiento en este campo que aquí, os lo aseguro. «Cuando tenga tres *papers* escritos, con ellos como parte del equipo ya estaré tranquilo», me decía. ¡No! La clave era disfrutar de la oportunidad de que todo se hubiera dado de esa manera. Cuando llegué a Montpellier, no tenía ni idea de si podría vivir autónomamente; no sabía ni cómo iba a sobrevivir después de los seis primeros meses. Era todo incertidumbre. No sabía que, de pronto, algo pasaría que me llevaría hasta dar conferencias en universidades de diferentes partes del mundo y congresos, o que a alguien se le ocurriría invitarme a dar tres charlas TEDx. No sé qué sucedió ni en qué momento. Pero hace algunas semanas algo hizo clic y empecé a sentir que había algo de mi historia que quizás le había interesado a la gente, que había algo en mi mensaje que había calado. Creo. Lo notaba por el cariño que recibía a través de correos electrónicos, por Instagram o por la calle. De pronto, en la Gran Vía de Madrid se me acercaba alguien para decirme que lo que hacía le estaba inspirando a ser mejor. O mientras cenaba con mi padre en De María, una madre me pedía una foto para su hija, que acababa de terminar la carrera y quería ser neurocirujana. No sé cómo ni en qué momento pasó todo esto, pero lo que sí sé es que es la hora de asumir la responsabilidad y de disfrutar del camino. La vida sabrá lo que nos espera.

¿POR QUÉ HAS LLORADO?

Habían pasado ya más de dos horas con los pies en el agua. Comenzaba a refrescar la tarde mientras leía el guion de la obra para la que tendría que hacer la música. A su vez iba leyendo más y más información sobre Federico García Lorca y la generación del 27. Recibí un mensaje. Era Louis, el hijo de Juliette, para decirme que su madre estaba bien, que había conseguido reincorporarse al trabajo hacía apenas unos días y que comenzaba a tener una vida normal. «Gracias por devolverme a mi madre.»

Unas semanas atrás. 10:30 h

Habíamos acabado la primera fase, es decir, el mapa de las funciones críticas en torno al tumor de Juliette, que ocupaba el lóbulo frontal izquierdo. Una vez más era obvia la capacidad neuroplástica del cerebro, pues esta había sido capaz de redistribuir sus redes neurales para que todos los puntos críticos estuvieran fuera de la zona tumoral; nos había dejado la puerta de entrada, teníamos un acceso relativamente sencillo, aunque el tumor era de gran tamaño. Como siempre, lo complejo es tener en la mente, desde el principio, dónde vamos a parar, cuáles van a ser nuestros puntos-stop del conectoma, como hemos comentado y comentaremos en cada capítulo, para poder preservar la conectividad y que las ciudades de los diferentes continentes se mantengan sincronizadas, encendiéndose y apagándose en el instante justo (las redes neurales de larga escala). De nada sirve hacer un mapa correcto de la superficie cerebral si cortamos los cables que unen las bombillas de las ciudades. De nada.

Tras haber extirpado más de un 85-90 % del tumor, nos íbamos acercando a los puntos críticos en profundidad. Como siempre en esta segunda fase (la aspiración del tumor), tenía lugar una multitarea en la que la paciente denominaba los objetos que se le presentaban en el iPad, intercambiando con tareas de asociación de objetos por su significado (semántica verbal) y movimiento constante del brazo derecho —siempre el del lado contrario a donde está el tumor—. De esta forma teníamos una monitorización constante de su atención, funciones ejecutivas, lenguaje y movimiento. Cualquier cambio o error nos permitía, en tiempo real, redirigir la cirugía, pararla o pasar al plan B. El objetivo siempre es el equilibrio entre extirpar lo máximo posible y preservar la calidad de vida.

En la parte más inferior y lateral, cerca de la circunvolución frontal inferior, ya me encontraba bastante profundo y Juliette comenzaba a tener ciertas dificultades en la articulación de las palabras. Pedí el estimulador bipolar para comprobar que me estaba acercando a mi primer punto-stop. Estaba buscando el FAT (*frontal aslant tract*).

—Pasamos al test de Boston (test de denominación de objetos) y continuamos con el movimiento continuo del brazo —le dije a Natalia, la neuropsicóloga.

—Esto es... un vaso —continuó Juliette— Esto son... unas tijeras. Esto es... un destornillador. Es-es-esto-e-e-e-es...

—Tartamudeo aquí —nos avisó la neuropsicóloga.

—Vale, estoy en el FAT. Continuemos.

—Esto es un mart-ti-ti-tillo...

—De nuevo tartamudeo.

Ya había identificado mi límite inferior a la altura donde el FAT llegaba a la circunvolución frontal inferior. Ponemos la «etiqueta» de ese punto-stop sobre la profundidad cerebral para identificarlo y pasamos a buscar el siguiente límite. Ese momento en el que lo que falta es identificar los puntos-stop es la fase en la que el cerebro te examina a ti. Él tiene allí las carreteras profundas que tú has de conservar, y no hay neuronavegador infalible que te diga dónde están exactamente. Si aplicas el estímulo eléctrico muy pronto o demasiado tarde, no encontrarías el punto-stop y no sabrías donde parar, y si lo haces tarde porque no lo has identificado a tiempo, significaría que lo has cortado y lo has pasado. Y eso no puede suceder. Es como un momento de trance en el que no existe el resto del mundo y la percepción de tu tiempo se distorsiona.

El tumor llegaba hasta el núcleo caudado (un conjunto de neuronas que forma parte de una región más primitiva del cerebro que los hemisferios cerebrales, y que debemos siempre respetar). Participa en funciones vitales como la secuenciación de movimientos, las funciones ejecutivas, etcétera. Para llegar hasta él, y así identificarlo y preservarlo, abrí el ventrículo lateral, una estructura de nuestro cerebro donde se almacena una buena parte del líquido cefalorraquídeo. Allí podía ver, cerca del tumor, una parte algo más grisácea, donde probablemente estaba el núcleo caudado, que siempre asoma con este color algo más oscuro que el tumor. Necesitaba comprobarlo. Pedí el estimulador mientras Juliette seguía haciendo la tarea de denominar los objetos que se le presentaban en imágenes.

—Esto es… un árbol. Esto es… un árbol. Esto es… un árbol —volvió a decir, repitiéndolo dos veces, cuando en realidad se le había presentado un árbol, luego una mariposa y luego unas llaves.

—¡Perseveración aquí! —exclamó la neuropsicóloga.

Había estimulado el núcleo caudado en profundidad. Tenía mi punto-stop profundo. Al estimular este núcleo, la paciente era incapaz de pasar a la siguiente tarea, de nombrar el siguiente objeto que se le estaba presentando. En lugar de decirnos que estaba viendo una mariposa, se quedó en el estímulo anterior: un árbol. Esto sucedía, probablemente, porque al estimular y desconectar el núcleo caudado transitoriamente, se interrumpió la red fronto-parietal (también llamada red ejecutiva central, porque se encarga, como hemos comentado, de ejecutar o de realizar una tarea) y, por tanto, la paciente no podía «enfocar» la nueva tarea que se le presentaba. Se quedaba en la anterior, sin poder salirse de ese estímulo. Esto es algo muy específico del núcleo caudado y nos permite identificarlo para evitar extraerlo junto al tumor.

Solo quedaba el último punto-stop: el IFOF. Estaba justo al lado del núcleo caudado, y de ahí se extendía como una carretera hacia la superficie cerebral, en concreto a la corteza prefrontal dorsolateral. El IFOF es, como hemos explicado, un tracto que atraviesa prácticamente todo el cerebro y lleva información a los diferentes lóbulos cerebrales, siendo el soporte eléctrico de una gran parte de las redes neuronales de larga escala. Transmite o transporta información de la semántica del lenguaje (significado de las cosas), del reconocimiento de emociones o de la evaluación de uno mismo. Por eso decimos que es una vía multimodal y probablemente la más importante de las profundidades de nuestro sistema nervioso.

—Vale, ya tenemos el límite profundo. Pasamos al test PPT (test de asociación semántica), me estoy acercando al IFOF —dije casi sin pensar.

Quería asegurarme de localizar el IFOF en ese trayecto donde corre hacia la corteza prefrontal dorsolateral. En ese momento, comenzamos a buscar nuestro último punto-stop para averiguar dónde detener la extirpación tumoral. Estaba siendo más costoso de lo normal. Respecto a la textura de la lesión, estaba algo más «duro» de lo que se suele presentar un glioma de bajo grado; costaba aspirarlo con normalidad y sangraba algo más de lo habitual. No estaba siendo tarea sencilla. Pero necesitaba encontrar el IFOF para saber que habíamos alcanzado nuestros límites. Ya en este punto, no soltaba el estimulador. Siempre llevaba el estimulador en la mano izquierda y el aspirador en la mano derecha.

En ese momento Juliette comenzaba a hacer el test PPT, teniendo que elegir qué dos elementos de tres estaban relacionados entre sí. Yo iba estimulando intermitentemente para asegurarme de encontrar el límite mientras continuaba aspirando el tumor:

—Gato con perro —decía la paciente a gran velocidad a pesar de llevar más de dos horas haciendo tareas—. Iglú con esquimal. Cortina con puerta —contestó convencida, confundiéndose en lugar de asociar cortina con ventana, que era la opción correcta.

—Fallo semántico —avisó la neuropsicóloga.

—Pizarra con lápiz —siguió, equivocándose al no asociar pizarra con tiza.

—Fallo semántico de nuevo.

—Dime qué sientes, Juli. ¿Te has dado cuenta de que has fallado varias veces? —le pregunté.

—No lo sé, creo que lo he hecho bien. Me siento cansada, pero puedo aguantar un poco más —fue su respuesta. Ahí supe que la paciente empezaba a tener dificultades para darse cuenta de sus propios fallos y no podía autoevaluarse. No se daba cuenta de sí misma (metacognición).

Sabía que ya había encontrado el IFOF. El último punto-stop. No obstante, en la parte más anterior había una pequeña zona en la que apurar la resección del tumor y necesitaba saber si podía hacerlo respetando el IFOF.

—Dame el estimulador bipolar de nuevo. Seguimos con el test PPT.

—Estimulé. Se oyó un silencio. Y automáticamente Juliette comenzó a llorar. Cuando paré de estimular, vi que cesaba el llanto automáticamente.

—¿Jesús, has estimulado? —me preguntó Natalia.

No respondí. Estaba demasiado concentrado. Volví a estimular unos segundos después. En ese momento, Juliette rio a carcajadas durante los cinco segundos que duró la estimulación. Al separar el estimulador del tejido cerebral, paró.

—¿Qué te pasa, Juli? Dime qué sientes —le pregunté.

—Todo bien por aquí, doctor. ¿Queda mucho? —me preguntó como si no se hubiera enterado de nada de lo que había pasado.

Juliette estaba sufriendo lo que denominamos «anosognosia»: no era consciente del problema que había tenido, de que había tenido una crisis de llanto y una crisis de risa injustificada, pero tampoco lo era cuando fallaba en el test de asociación semántica (test PPT). Su capacidad para «mirar» hacia dentro de ella y evaluarse se había visto interrumpida de alguna forma. Este error en la metacognición, es decir, en la consciencia de uno mismo, se puede distorsionar durante la estimulación del IFOF.

Estaba claro que la cirugía había terminado. Alcanzamos todos los límites de su cerebro. Miré el reloj: habían pasado 2 horas y 43 minutos. Juliette empezaba a estar muy fatigada. Era el momento de parar.

—Juli, hemos alcanzado los cables profundos de tu cerebro, tal y como habíamos hablado. Enhorabuena. Has hecho un grandísimo trabajo, te haremos unos test muy cortos ahora para comprobar que todo está perfecto y te dormiremos de nuevo. Descansa. Te recuperarás del todo muy pronto —le dije, mirando al anestesista.

En este caso, desde un punto de vista neurocientífico había dos cosas interesantes y un tanto desconocidas, al menos en parte. Una era entender esta alteración en la metacognición, que suele estar asociada a la estimulación (y consecuente) desconexión del IFOF. La otra era, obviamente, la inducción transitoria de algo tan complejo como la risa o el llanto. En ambos casos considero que lo más importante a la hora de investigar y sacar conclusiones es entender que este tipo de fenómenos no son frecuentes, lo cual limita su estudio. Y en ciencia no se pueden sacar conclusiones con unos pocos datos. Además, debemos evitar la paradoja del localizacionismo: cuando aplico el estimulador en un punto sucede una distorsión eléctrica de esta zona, como sabemos, y esto nos hace correr el riesgo de pensar que en ese punto va a darse esa alteración X en todos los pacientes. Pero ya sabemos que no es así, no pasa con todos lo mismo. Particularmente si metemos en el juego las cinco variables del sistema —la neuroplasticidad a través del tiempo y la variabilidad entre sujetos—, podemos entenderlo mejor. Ese punto donde la paciente tenía dificultad para darse cuenta de sí misma lo definimos como cualquier punto por sus tres dimensiones espaciales, por ejemplo: -2 -15 -28 (ejes x, y, z). Tenemos que entender que este punto no es más que la zona crítica de ensamblaje de toda una red neural que está en constante movimiento, y que si volviéramos a operar a la paciente unos años más tarde, ese punto cambiaría de lugar, y a la vez, si estimuláramos ese mismo punto exactamente en otro paciente, no sucedería lo mismo. Entendamos las funciones cognitivas complejas como fruto de la interacción entre redes no localizadas y no como fruto de un par de zonas aisladas universales en todos los cerebros.

Como sabemos, el IFOF es una de esas carreteras profundas u océanos que mantienen las redes neurales de nuestra corteza cerebral interconectadas en un estado de perfecta orquestación. Lo normal sería entender que todo aquello que sucede como consecuencia de la estimulación de este cable profundo ocurre por la desconexión transitoria que sufren las redes a las que el IFOF alimenta eléctricamente. Es como si durante cinco segundos, las piezas del puzle no encajaran, y eso induce un trastorno que puede ser de diferente índole, como hemos visto a lo largo del libro e incluso dentro de este capítulo. Cuando hablamos de tractos profundos nos referimos a millones de axones neuronales, no de neuronas como tales, sino de su proyección, que lo que hacen es transmitir la información de zonas de la superficie cerebral muy distantes unas de otras, permitiendo que estas ciudades a lo largo de los continentes estén conectadas. Recordemos que una cosa son estas ciudades distantes «orquestadas» (redes), y otra cosa son los océanos profundos que las mantienen conectadas (IFOF, fascículo arcuato, FAT, etcétera). Esto me parece clave para entender el cambio de paradigma. Y sobre esta filosofía debemos plantearnos cualquier hipótesis que surja ante las preguntas que nos hacemos como neurocientíficos.

Así pues, ¿son el llanto y la risa una inducción transitoria de un estado emocional? ¿Es eso una emoción?

Si preguntas a cuarenta físicos qué es el horizonte de sucesos de un agujero, te van a decir prácticamente lo mismo. Es algo definible con fórmulas, con números. Pero si preguntas a cuarenta neurocientíficos diferentes qué es una emoción, te aseguro que vas a tener una historia distinta en cada respuesta. Es difícil definir las emociones, separándolas de sentimientos y sensaciones, porque no responden a un número u otro, sino a una experiencia subjetiva que experimentamos como seres humanos, que forma parte de nuestro día a día y que no necesitamos siquiera tratar de definir para saber que existe. No obstante, podemos intentarlo. Podríamos definir una emoción como un estado funcional que surge de una multitud de inputs internos (de nuestro propio cuerpo) y externos (del ambiente externo) que generan una experiencia subjetiva que puede afectar a nuestra conducta o comportamiento. Pero ¿no se queda corta cualquier definición? Creo que sí. Intentemos ir un poco más allá.

Como neurocientíficos, hemos intentado hacer muchas clasificaciones diferentes de emociones para separar las consideradas primitivas (miedo o alegría) de las complejas o sociales (melancolía, envidia, nostalgia, vergüenza, etcétera). Otros prefieren clasificarlas en positivas o negativas. Es uno de los únicos campos de la neurociencia donde NO hay consenso de definición. No lo hay. Entrad en Pubmed* y buscad «emotions» o «what is an emotion?». No hay una sola definición igual. ¿Cómo no va a ser emocionante este campo? Valga la redundancia, por cierto...

Ningún neurocientífico ni neurocirujano te dirá mejor que tú a ti mismo qué es sentir una emoción. Nadie. Quizás lo único que podamos aportar es explicar, por ejemplo, qué es la metaemoción. Sí, hay grupos de científicos que comienzan a hablar de metaemoción. Vamos entendiendo que en el *Homo sapiens sapiens* siempre hay un nivel más de consciencia en nuestras experiencias subjetivas. Podemos activar un estado más alto de consciencia, para reflexionar sobre la propia consciencia: ser consciente de que soy consciente. Eso es la metacognición. Igual que podemos reflexionar sobre nuestra memoria o sobre nuestro lenguaje (por ejemplo, cuando tenemos una palabra en la punta de la lengua y somos conscientes de que se nos ha olvidado), también podemos

* Motor de búsqueda de libre acceso que permite consultar principal y mayoritariamente los contenidos de la base de datos MEDLINE y una variedad de revistas científicas de similar calidad. *(N. del E.)*

hacerlo sobre una emoción. Una cosa es sentirla, y otra es ser consciente de que estamos experimentándola, lo que puede mezclarse o hacerse incluso predominante sobre la emoción base que estamos viviendo. Permítanme el pequeño lujo de adentrarme en este párrafo en lo conceptual. Por ejemplo, esa sensación de tristeza (metaemoción) que tengo por la nostalgia (emoción) de saber que en algún momento se acabará este libro y no podré ir contando cada cosa que me pase a modo de autopsicoterapia. O cada vez que escucho «Bachata rosa», de Juan Luis Guerra, y siento melancolía (metaemoción) ante aquello que me puso la piel de gallina (emoción) cuando la escuché por primera vez. Y es que es muy complejo hablar de emociones. Es como hablar del lenguaje, tiene muchas dimensiones o eslabones dentro. En las emociones, un proceso es sentirlas; otro, reconocerlas en la cara de nuestra madre; otro, sentirlas «en espejo» al ver su cara; otro, imaginarlas; otro, reflexionar sobre esa emoción; otro, controlar y adaptar la emoción al contexto en el que estemos, etcétera. Todo eso es la emoción humana, un constructo infinitamente complejo. Por eso hemos de tener precaución al divulgar o investigar sobre este fenómeno, y quizás no reducirlo a la oxitocina o el cortisol, ¿no?

Vayamos ahora de nuevo a la neurociencia pura y las redes neurales.

Una crisis de llanto o de risa no parece ser una emoción como tal, sino más bien un desequilibrio en el control consciente de las emociones: la regulación emocional. Para entenderlo mejor, sería algo así como el hecho de que hayamos tenido ganas de llorar durante una conversación y, sin embargo, hayamos mostrado una sonrisa. Eso es el control cognitivo de las emociones, la regulación para adaptarlas al contexto. La regulación de las emociones se define como el conjunto de procesos que intervienen en el control del tipo de emociones que uno experimenta, el momento en que sucede y su expresión. Sin este eslabón, todo el fenómeno que suponen las emociones estaría distorsionado y afectaría a nuestro día a día. A nuestro trabajo. A nuestra vida en pareja. Según los últimos estudios de redes neurales y regulación emocional, esto parece depender de redes de larga escala, como la red frontoparietal (que ya nos sabemos casi de memoria), que hace de *hub* flexible para modificar su relación con la red de saliencia (o cíngulo-opercular), y provoca que podamos sentir la emoción y que nos adaptemos rápidamente al contexto o al ambiente que nos rodea. Tan solo con esto —teniendo la precaución de que hablamos de casos aislados— podríamos hipotetizar que lo que sucedió en el caso de la paciente J. M. es que durante la estimulación del IFOF, al llevar este la información de sitios tan distantes de la superficie cerebral que forman parte de varias de estas redes, se produjo una desconexión transitoria del flujo constante de información entre estas redes involucradas en la regulación de las emociones, seguramente por dos veces consecutivas. Una crisis de risa y otra de llanto.

Entonces, ¿podemos localizar la risa y el llanto en ese punto en el cerebro? No, ni mucho menos. Al menos iría en contra de la no localización o deslocalización de la que hablamos cuando explicamos las funciones cerebrales más complejas, como las emociones. Como hemos dicho y veremos más adelante, a mayor complejidad de las funciones cerebrales, mayor dificultad para localizarlas en un punto concreto, porque surgen de constantes intercambios en cada segundo entre diferentes redes neurales que se encuentran en diferentes puntos del espacio, oscilando. Debemos imaginarlo como un entramado. Como un tejido gigante, móvil, ondulante, que solo creando determinados lazos entre redes puede generar funciones tan complejas como un sentimiento. Si vamos a la literatura neurocientífica, podemos encontrar algunos eventos de este tipo durante la cirugía despierta. Y aunque estos fenómenos son «extraños», porque se dan pocas veces, el hecho de trabajar en un centro donde el equipo del profesor

Duffau había realizado más de dos mil quinientas cirugías nos permitía ver con mayor frecuencia todas aquellas cosas, que para muchos neurocirujanos podían resultar casi místicas. Pero de místico en el cerebro hay poco. La neurociencia tiene respuesta para casi todas las cosas, o al menos, bocetos de respuestas. Lo veremos en el capítulo 8. Creo que aquello místico asociado al cerebro no es más que algo para lo que aún no hemos encontrado una respuesta. Literalmente.

En 1968, Sem-Jacobsen reportó la primera crisis de risa intraoperatoria como consecuencia de la estimulación eléctrica de lo que llamamos el sistema límbico. Posteriormente se fueron describiendo algunos casos más. En algunos casos se aventuraban a decir que en esa región que encontraban estaba el lugar de la risa. Pero ¿cómo era posible? Este tipo de respuestas durante la estimulación es poco frecuente. De quinientos casos, encontrarán este tipo de experiencias en cuatro o cinco pacientes como mucho. Pero si traemos el modelo del cerebro como un metasistema donde tenemos en cuenta cinco variables y no solo las tres del espacio, veremos que es IMPOSIBLE que entendamos que el movimiento es lo mismo que la atención o las emociones. No podemos entender qué pasa cuando estimulas una zona del cerebro y se desencadena un fallo, si consideramos una función básica como el movimiento de la misma forma que las funciones que forman parte de la cognición y la emoción humanas. Durante la cirugía podemos encontrar la región donde se bloquea la emisión de las palabras (el *ventral premotor cortex*), que, de hecho, al ser una zona con poca plasticidad, tiene muy baja variabilidad entre personas y, como ya sabemos, es nuestro punto de apoyo para hacer el mapa de cada paciente. También podemos encontrar la zona que se encarga de mover el brazo, selectiva y concretamente. Pero ¡las funciones cognitivas no van así! Estas dependen de varias redes al mismo tiempo. El modelo de un planeta Tierra con cinco continentes para decir que en X continente está el movimiento de determinadas zonas del cuerpo puede servirnos para las funciones más básicas (movimiento y sensibilidad corporal), pero no con las emociones, con el comportamiento o la personalidad. Es necesario volver a nuestro ejemplo de las ciudades iluminadas a lo largo de los diferentes continentes. De acuerdo con la teoría de las metarredes de Herbet y Duffau, donde bloqueo el movimiento del brazo podemos decir que esa zona se encarga del movimiento del brazo, sí. Pero si desencadeno un trastorno semántico, es decir, del significado de los objetos, ahí no está toda la semántica del lenguaje, solo he distorsionado un punto crítico de la red. Y lo mismo para la regulación emocional, que es lo que hemos experimentado en este caso.

Sin embargo, casi todos los casos publicados hasta ahora acerca de este tipo de crisis transitorias de risa o llanto se basan en esas antiguas nociones de un cerebro modular, dividido en fragmentos y universal o común a todos los humanos. De hecho, se apela al sistema límbico (sistema fundamental para las emociones) y a su núcleo principal: el circuito de Papez. No vamos a decir que este no existe (no haremos como con Broca y Wernicke, esto es diferente). El circuito de Papez, aunque haya sido discutido en muchas ocasiones y se base en viejas nociones, incluye algunas regiones primitivas del cerebro que carecen de la complejidad de los hemisferios cerebrales (que es de lo que hemos hablado principalmente en este diario) y tienen algunas funciones relacionadas con la emoción (Figura 13).

Pero ¿qué pasaría si vemos el circuito de Papez quitándole zoom a nuestro objetivo y pensando en cinco variables o dimensiones? Veamos. Que el hipocampo es una estructura clave en la memoria, lo sabemos. Que el cíngulo es, probablemente, la puerta de entrada y salida más importante respecto al contenido emocional de nuestro cerebro, también. Y que la amígdala está involucrada en la experiencia de emociones negativas como el miedo, también. Pero la evidencia es cada vez más clara: necesitamos

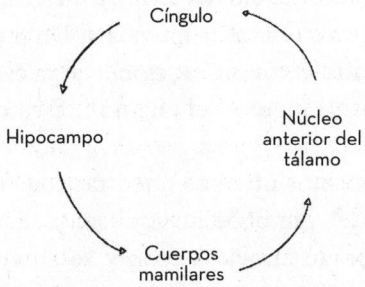

Figura 13. Circuito de Papez y sus estructuras clave.

integrar estos modelos en una visión de redes neurales (en constante movimiento y con dinámicas que varían de un sujeto a otro). No es cuestión de pensar que en el hipocampo está la memoria, porque no es más que una zona involucrada en ella. La memoria es otro de esos constructos infinitamente complejos. ¡Debemos ver el sistema límbico como una parte de todo lo que tiene que ver con experimentar las emociones, no como un todo rígido! Tengamos en cuenta que una gran parte de estas nociones vienen de experimentos antiguos con animales, cuando aún no teníamos herramientas tan avanzadas para procesar la información eléctrica cerebral. Veamos el caso de la amígdala. Si ponemos el zoom de nuestra cámara ahí, solo veremos activarse la amígdala cuando nos someten a una situación de pánico o miedo. Pero ¿qué pasa si alejamos el zoom y vemos cómo se va activando y desactivando el cerebro a lo largo del tiempo y el espacio? Que no solo vemos la amígdala, sino que vemos activarse el cíngulo en su parte más anterior y la ínsula. Si no entendiéramos el concepto de red, esto se quedaría en «estas tres o cuatro regiones son las que se activan con el miedo». Pero ¡la ínsula anterior y el cíngulo son zonas cruciales de la red de saliencia! Por lo tanto, todo lo que nos han dicho de la amígdala y el miedo es reduccionista. Hablamos de una red. No vamos a ver *La cabeza de Medusa* de Caravaggio y solo se va a activar la amígdala. Un punto del cerebro aislado no hace nada. Es la interacción a larga escala de la amígdala con la ínsula, el cíngulo y el tálamo... Y esto es nuestra red de saliencia.

Cuando escuchamos un oboe mientras toda la orquesta está haciendo un *tutti*...* ese oboe no está solo. ¿Está sonando? Sí, claro. ¿Que su sonido atraviesa todo y se sobrepone? Vale, es cierto, pero no está aislado. Está formando parte de toda una sección de la orquesta, la sección de viento-madera (red de saliencia), donde comparte «activación» con flautas (ínsula anterior), clarinetes (cíngulo) y otros como el fagot. Esta sección (o red de saliencia) a su vez estará sincronizándose con los vientos-metales (red por defecto) y con la sección de cuerdas (red frontoparietal)... Es de esta forma como creemos que funciona el cerebro. Aunque se nos haga complejo entenderlo. Como dice Duffau: «El cerebro no está hecho para que lo simplifiquemos», y trato de no hacerlo, ni siquiera en un libro de divulgación, porque sé que el lector será capaz de entenderlo a través de ejemplos que vemos en la naturaleza. El localizacionismo nos limita entender cómo funciona el cerebro, una vez más. Que toda la orquesta esté tocando, y que solo por el hecho de que el oboe esté en *fortissimo*, digamos que es el instrumento encargado de esa sonoridad, sí, es localizacionista.

Lo mismo sucede con la memoria. No veamos el hipocampo como el lugar donde se aloja toda la memoria y ya... ¿Y si es una región dentro de la subred de la memoria autobiográfica de la red por defecto? Solo con esto tenemos datos para ver cómo la me-

* Término italiano que significa «todos» o «juntos» y que en una orquesta determina el puesto de instrumentista que toca siempre a la vez que sus compañeros de sección, nunca solo. *(N. del E.)*

moria y las emociones se relacionan a través de redes, donde la amígdala y el hipocampo son zonas clave de esas redes que se distribuyen por todo el cerebro. Pero solo eso. Partes dentro de redes autoorganizadas de larga escala.

Se han descrito muchos modelos del procesamiento emocional en humanos, pero hasta ahora ninguno basado en la cirugía despierta, que es la única que nos permite hallar los puntos críticos de las funciones —dentro de la no localidad e incertidumbre que ya conocemos de las redes que regulan las funciones complejas del cerebro humano—. El hecho de que nosotros, al aplicar un estímulo eléctrico, obtengamos el punto crítico del ensamblaje de una red nos permite ir, poco a poco, más allá en el conocimiento. No obstante, se necesitan muchos casos, mucha experiencia y resultados estadísticamente robustos (además de un gran equipo) para poder crear un nuevo modelo cognitivo-emocional en el cerebro humano, y, de hecho, probablemente se vaya remodelando constantemente la neurociencia de las emociones en los próximos años.

No obstante, algo parece claro, no solo por este capítulo, sino por los que hemos visto y los que veremos: el IFOF, esa carretera profunda u océano que mantiene conectada una gran parte de nuestro cerebro, parece ser una autopista crucial multimodal que se encarga de varias funciones al mismo tiempo: semántica o significado conceptual de las cosas (tanto asociado al lenguaje como de forma global), reconocimiento emocional y, probablemente, de una forma más directa, la regulación o el procesamiento de las emociones. Se diría que una parte de la regulación emocional o del estado emocional en el que nos encontramos está mantenido, entre otras estructuras, por el IFOF de ambos hemisferios, de forma que al estimularlo y transitoriamente distorsionar su función se produce un desequilibrio emocional que puede causar tanto llanto como risa injustificada.

¿Esto significa que el circuito de Papez no es cierto? No. Sucede lo mismo que con Broca, Wernicke o Penfield: el conoci-

Red de saliencia
(cíngulo-opercular)

- Amígdala
  (condicionamiento del medio)
- Tálamo
  (información sensorial motora)

- Cíngulo (región anterior)
- Ínsula

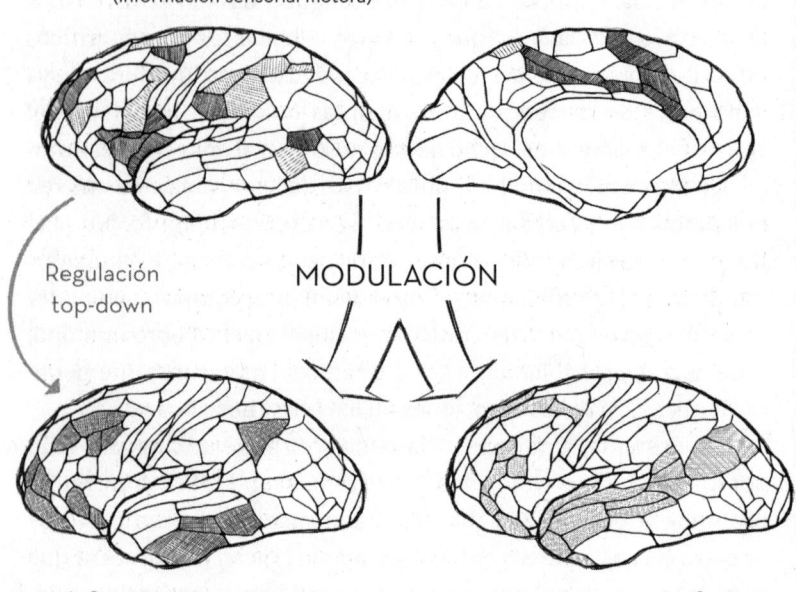

Regulación
top-down

MODULACIÓN

Red frontoparietal
(ejecutiva central)

- Regulación de emociones
- Toma de decisiones en contextos
  emocionalmente complejos

Red por defecto

- Hipocampo
- Cíngulo (región posterior)

Figura 14. Una perspectiva de redes, a modo de hipótesis, para acercarnos a la regulación de las emociones. Vemos cómo las zonas que normalmente nos han contado por separado (amígdala, hipocampo, cíngulo, etcétera) no son más que zonas dentro de redes que están en constante movimiento. Y de este flujo de transmisión de información entre las diferentes redes surgen, por ejemplo, las emociones y su control para adaptarlas al contexto.

miento avanza y nos sobrepasa, a medida que vamos entendiendo que hemos sido hasta ahora demasiado reduccionistas. Incluso, respecto a otras ramas de la medicina o de la ciencia, el cerebro es el único «ente» que se estudia a sí mismo, lo que lo hace estar lleno de paradojas y misterios. Por eso debemos mantener la mente abierta. Quizás en las universidades no se deban enseñar dogmas, y se deba comenzar a aceptar que el 50 % de lo que contamos como profesores está en constante cambio; más que hablar de errores o de tener o no la razón, deberíamos ser conscientes de la fortuna que supone que cualquiera de los que están sentados en sus pupitres en su facultad de Medicina puede ser el siguiente que ponga en duda todo lo anterior. Que nos cuente que quizás el IFOF es el siguiente elemento que habría que añadir a un posible «circuito» de las emociones. O incluso algo que parece aún más real, por ejemplo, que esos elementos del antiguo circuito de Papez no sean más que elementos que forman parte de diferentes redes, y estas, como nubes que se mueven por el cielo con el viento, están en constante cambio y remodelación, por más que sigamos intentando buscar un punto fijo en el cerebro, como si se tratara del fémur o del intestino delgado. Aceptemos la incertidumbre y la belleza de los nuevos conocimientos de las redes neurales, porque por fin parecemos llegar a algo más tangible y demostrable con números, más allá de aprender cómo funciona el cerebro basándonos en qué partes se lesionan en determinadas enfermedades, y por ello, decir: esta función está aquí, y esta otra, aquí. No funciona así. Cambiemos el zoom de nuestro objetivo.

Creo que en las próximas décadas será esencial que aceptemos la incertidumbre que supone hablar de una red en lugar de hablar de una región cerebral concreta aislada. Necesitamos pasar de hablar del bailarín de rojo del *ballet* de George Balanchine como protagonista, para entender que el espectáculo depende de cómo se coordina este con los de su grupo para que se genere el movimiento coordinado.

Como conclusión, si tuviera que emitir una hipótesis sobre este caso, diría que hay un control emocional bilateral (*continuum*) que al estimular algunos puntos de uno de los dos hemisferios puede generar una distorsión en las redes comentadas, con un consecuente desequilibrio de la regulación emocional que puede dar lugar a una crisis de risa o de llanto. Pero no diría nunca que si tocamos un punto concreto del cíngulo o del IFOF, se va a generar una emoción concreta de forma reproducible a lo largo de todos los pacientes. No. No va a pasar.

FECHO OS OLHOS, MORRO DE MEDO

—Ha salido todo muy bien —les dije mientras me desataba el gorro de quirófano y la mascarilla. Louis, el hijo de Juliette, miraba hacia abajo, tapándose la cara. Con miedo.

Vino hacia mí y me dio un abrazo que sentí que le salió del alma. Vi en los ojos de Louis los míos propios. Porque podría haber sido mi madre. Juliette me recordaba a ella: mujer con carácter, pero dulce y siempre dispuesta a ayudar a los demás. Con una sensibilidad infinita y una necesidad imperiosa de ayudar a los suyos. A veces, los pacientes y sus familiares solo necesitan un abrazo, y quizás esté yo equivocado, pero damos muchos menos abrazos de los que deberíamos. Yo me quedo con aquel abrazo que el doctor Víctor Marín, tras operar a mi tío, le dio a mi madre. Gracias, Víctor, por hacer todo lo posible. Era todo lo que necesitábamos y estaremos siempre agradecidos. Pero lo cierto es que nos enseñan durante la carrera y la especialidad a ser seres con bata, a una mesa de distancia entre nosotros y los pacientes. Me parecía absurdo, después de todas aquellas veces que hemos sido (y seremos) nosotros, los pacientes. No creo que deba haber tanta separación humana entre el paciente y nosotros. Es un mensaje no verbal de: yo aquí y tú allí. Es solo mi opinión, pero a mí me gustaría que me dieran la mano, que me dieran un abrazo el día que tuviera que enfrentarme a algo así. Juliette era la afectada, era quien sufría esto, y como muchas otras veces, tomó las riendas de la situación y se mostró incluso más fuerte que el resto de la familia. Me ha asombrado durante estos años la capacidad de fortaleza de cada uno de los pacientes cuando son diagnosticados de tumores cerebrales. He entendido que el ser humano tiene un instinto de supervivencia increíble, y a veces lo infraestimamos. La fuerza del amor. Somos capaces de hacer lo que sea por las personas a las que amamos. Y es en este punto cuando me doy cuenta de que por más que investigue el resto de mi vida… ¿quién va a ponerle tres coordenadas al amor dentro del cerebro? Nadie. Y, además, tampoco importa.

Hemos hablado en este capítulo de cosas tan fascinantes como la consciencia de la consciencia, es decir, la metacognición (saber que sabemos, o ser conscientes de que somos conscientes) o la inducción transitoria de crisis de risa o llanto. Y aunque necesitaríamos un libro entero para hablar de cada una de estas, me gustaría hacer una pequeña reflexión sobre algo de lo que, en 2023, todo el mundo ha hablado y opinado: la consciencia y la inteligencia artificial. Se ha convertido en algo en lo que todo el mundo parece ser experto. Pero vayamos un poco más allá a través de algunos ejemplos simples. Imaginen lo difícil que es hablar de la consciencia, que ni siquiera podríamos ponernos de acuerdo en si el color negro de estas letras lo vemos todos de la misma forma. O si el azul del cielo que podemos mirar ahora mismo es el mismo para todos. Sí. Así de claro. Aunque los colores podamos «medirlos» a través de la física por la longitud de onda, al final la experiencia subjetiva que genera cada cerebro es única y no se puede compartir. A esta experiencia totalmente subjetiva que no podríamos demostrar de forma alguna porque se genera en nuestra mente, y no podemos meterla dentro de una lata y dársela a otro ser humano, se le llama «*qualia*». Por eso, realmente... nunca podríamos llegar a saber si la persona que nos dice sentirse mal, triste y arrepentida por algo, incluso llorando, realmente lo está sintiendo o está actuando. ¡Porque no podemos meternos en su cabeza, en su consciencia! Así que lo único que podemos hacer es el proceso de empatía y tratar de ver no solo la emoción en su cara, sino otros gestos indirectos, para realmente sentir que es coherente lo que esa persona nos dice y lo que nos muestra. Podemos ver a Liam Neeson en *La lista de Schindler* sintiendo dolor, pena y arrepentimiento. Y por más que nos parezca real, está actuando. Por un momento llegamos a sentir que es real, pero no, solo lo está simulando. Es decir, que todos nuestros juicios sobre la consciencia de otros se realiza en tercera persona. Solo podemos inferirlos, intuirlos, pero no sentirlos. No podemos estar seguros al 100 % porque no podemos «meternos dentro» de la otra persona. Es decir, que la consciencia nace en primera persona y es completamente subjetiva. Por eso, no cambiaría nada si ahora le preguntas al ChatGPT si siente o si sabe lo que es el frío y te dice que sí. Estaría siendo el mejor actor posible. Con esto quiero decir que no es lo mismo decir que se es consciente que serlo realmente. Siri o Alexa no van a entenderte, jamás, cuando les digas que es domingo. No entienden que para ti el domingo es gris, frío y nostálgico. Solo usan inducción y deducción como aprendizaje, para «funcionar» haciendo tareas como un humano. Eso: como si lo fueran. Pero no pueden hacer abducción, pensamiento lateral, generar nuevas hipótesis... Considero que en este punto de la historia estamos sobreestimando el poder de la IA respecto a la consciencia. Tras los capítulos anteriores, habiendo vivido reales desórdenes de la consciencia *in vivo*, y habiendo entendido algo de la inmensa complejidad con la que el cerebro desarrolla todas nuestras funciones, tengamos cautela. Así que, hoy, la IA no es la panacea. Pero sí es una herramienta tremendamente útil que nos ayudará a descifrar patrones de funcionamiento de las redes neurales. Y para ello la estamos empleando. Pero no para jugar a ser conscientes. Eso se nos escapa, demasiado, de nuestro entendimiento por más que alguna empresa norteamericana juegue a poner chips en el cerebro. El conocimiento y el ingenio no se compra con dólares.

Sète, Francia. 19.00 h

El sol comienza a esconderse en el horizonte. Es hora de cerrar el ordenador y pasear a la orilla del agua antes de volver a Montpellier. Augusto, justo antes de escribir este capítulo, me ha escrito para invitarme en marzo de 2024 a dar unas conferencias en varias ciudades de Brasil, y llevar a cabo varias cirugías para mostrar nuestra técnica. Luego de allí iremos a Chile. El año 2024 empezaba a ofrecernos experiencias al otro lado del río.

Rema,

rema,

rema...

CAPÍTULO 7
El paciente se ha desconectado

No sé qué sucederá en los Estados Unidos, pero en Francia mis pacientes me preguntan preocupados si van a dejar de ser ellos mismos o si les va a cambiar la personalidad tras la cirugía, y por eso los opero despiertos tratando de preservar su cognición. Eso no lo podrá hacer nunca una máquina, porque no entiende qué es una emoción ni cuándo hay que parar la cirugía. Por favor, no olvidemos al paciente.

Prof. Dr. Hugues Duffau,
neurocirujano francés

Cuando le oí decir la frase anterior en un congreso en los Países Bajos —creo recordar que fue en julio de 2018— sentí un disparo directo al corazón. Solo pude pensar: «¿Por qué no me encontré con el profesor Duffau antes de que sucediera todo aquello con mi tío?».

29 de junio de 2023

Hago esta reflexión hoy, y no es un jueves cualquiera, en una madrugada en Lublin, Polonia. Apenas queda café, y mientras oigo la lluvia golpeando fuertemente las ventanas, enciendo los altavoces de la habitación y pongo «Ojalá», de Silvio Rodríguez, antes de continuar escribiendo estas líneas. Por algún motivo me han venido a la mente los recuerdos de su concierto en el WiZink Center de Madrid. Veo el Hospital de Lublin a una manzana de mi hotel. Comienzo a hacer introspección y siento que mi cuerpo no da para más. Pero ¿cómo podría quejarme? Por un lado, han sido meses con demasiada tensión, con mucha más de la que pensaba que podría soportar. Pero, por otro lado, habíamos conseguido demostrar nuestros resultados en un nuevo país, en otro idioma, en otra cultura; a un paciente que llevaba doce años sin que nadie decidiera operar su tumor cerebral. La responsabilidad que tenía sobre los hombros era gigantesca. El día antes de la cirugía me invitaron a dar una conferencia sobre nuestra «filosofía» y cómo empleamos la cirugía despierta para respetar al máximo las funciones cerebrales a la vez que aumentamos el porcentaje de resección tumoral. Admito que siento una pasión desbordante cada vez que doy una conferencia, independientemente de qué tipo de público tenga delante. Lo disfruto. Me sentía tranquilo y seguro hablando sobre el conectoma para que sirviera como prólogo de lo que haríamos al día siguiente en el quirófano, para operar a Marek. Me sentía igual de cómodo dando una clase de análisis sobre la *Quinta sinfonía* de Mahler o hablando de la propuesta de modelo conceptual del cerebro tomando en cuenta las cinco dimensiones. Expuse el caso y expliqué por qué creía que este tumor sí que era operable y que tendría que haberse hecho hacía un tiempo. Que me invitaran a intervenir en este caso no implicaba que yo tuviera la razón. Todos tenemos parte de verdad. Pero este caso me parecía claro. Y exponerlo ante aquel foro, donde había desde estudiantes de Medicina hasta profesores eméritos de universidad, no era cualquier cosa. Este caso era complejo porque Marek había sido diagnosticado de un glioma de bajo grado años atrás y, por la localización del tumor en la ínsula, se decidió solamente hacer una biopsia y dar radioterapia. Desde entonces, su vida había cambiado, no había tenido familia, y tal como me contaba Paweł, el neurocirujano que me invitó a realizar esta cirugía, el paciente estaba deprimido, sin ánimos casi de hacer nada. Tras varios años, en una nueva resonancia se vio cómo el tumor había comenzado a crecer agresivamente, y parecía que ya se había convertido en un tumor de alto grado. Por esto digo que teníamos grandes responsabilidades sobre los hombros.

Al terminar, estaba preparado para las preguntas de neurocirujanos sénior con una visión muy diferente a la mía, modular y rígida, pero con treinta años más de experiencia que yo entrando en el cerebro de los seres humanos. Y eso merece todo mi respeto. No hay duda.

—¿Por qué crees que tu test podría medir emociones en los pacientes durante la cirugía si las emociones son un fenómeno subjetivo, diferente para cada uno? —me preguntó al final de la conferencia el profesor Trojanowski.

—Creo que amar a quien tenemos cerca es un fenómeno universal. ¿Usted no querría seguir sintiendo de la misma manera tras una cirugía? Amar no es algo subjetivo. Parto de la base de que el amor o el comportamiento no tienen coordenadas, solo son el fruto de un intrincado mosaico de funciones cognitivas. Pero lo que sí puedo hacer es identificar puntos críticos dentro de la red que se encarga de reconocer las emociones (red de *mentalizing*) para preservar la empatía, así como la autoevaluación, que es fundamental para evaluar a los demás. No puedo identificar el amor, pero sí identificar y preservar las redes de alto orden que dan lugar a comportamientos complejos y a que el paciente siga siendo el mismo tras la cirugía.

—Muchos de los trastornos cognitivos de los que hablas acaban mejorando con el paso del tiempo tras la cirugía. Mapear estas funciones puede provocar que quitemos menos tumor —señaló, defendiendo su postura.

—No es cierto. ¿Qué estudios aleatorizados han demostrado eso? Ninguno. No es verdad. En los estudios de neurocirugía, solamente el equipo de Duffau habla de las secuelas cognitivas en los pacientes tras la cirugía, y son los únicos que han intentado buscar herramientas para mejorar esto —respondí con confianza, pasión y un poco de rabia. Aquel argumento ya lo había escuchado demasiadas veces, y es como aquel cuento que se repite tanto que parece verdad—. Un 30 % de los pacientes que se operan de un tumor cerebral quedan con alteraciones en la cognición social, emociones y comportamiento, tanto en el hemisferio derecho como en el izquierdo. A pesar de la neuroplasticidad, que permite que las funciones complejas, al estar distribuidas (como un castillo de naipes) por todo el cerebro sean más fácilmente recuperables, las funciones cognitivas no terminan de volver a su estado previo. Esto está más que descrito por Duffau y su equipo. De hecho, el problema es que muy pocos estudios escritos por neurocirujanos hablan al respecto. Pretenden defender la postura de no mapear las funciones cognitivas «porque se recuperan» cuando no tienen siquiera un protocolo establecido para analizar este tipo de funciones en los pacientes antes, durante y tras la cirugía. En la gran mayoría de los casos, seguimos estando centrados en el lenguaje y el movimiento. Si vemos que el paciente habla y se mueve, decimos que está bien. ¡No! ¡Si no medimos con test las funciones mentales, no vamos a saber cómo está nuestro paciente! Con una cirugía despierta enfocada en la cognición, podemos extraer cerebro más allá del tumor identificando los puntos-stop en los tractos profundos. Lo hemos demostrado. Porque sabemos con más exactitud qué podemos quitar y qué no.

Hablé con el máximo respeto, pero intentando vencer mi batalla personal con el localizacionismo y aquel aparente conformismo de la complejidad cerebral desde el punto de vista de la neurocirugía (Figura 1). Justo acababa de publicar un artículo con Duffau sobre los puntos-stop del conectoma[1] y la necesidad de dar una perspectiva integradora al funcionamiento cerebral considerando las redes y las interacciones entre ellas, describiendo caso por caso dónde parar la extirpación, cómo y por qué, así como la razón y los resultados que demuestran la importancia de esto.

Cuando terminé la conferencia, el profesor Trojanowski se acercó amablemente y me estrechó la mano, diciéndome:

—Enhorabuena, estás haciendo algo que nadie antes ha hecho, y con una pasión que me has contagiado y me ha despertado la curiosidad. Hacía años que no me sucedía.

Estas palabras me reconfortaron. Respeto profundamente a la gente con experiencia, da igual si tienen tu visión o no. Este hombre había salvado infinitamente más vidas que yo. Pero una vez más quedaba claro que el cerebro seguía superándonos y que a los neurocirujanos nos enseñan, principalmente, a cortar y aspirar un tumor. A estudiar la parte «macroscópica» del cerebro, la anatomía, lo que se ve, pero no cómo funciona, y gran parte de esto último es invisible a los ojos. Se necesita una visión integradora neurocientífica, matemática, física, eléctrica... Si no, ¿cómo íbamos a entender que un «puñado» de neuronas se autorregulen para, combinando sus patrones de conexión, dar lugar a la mente humana?

Salí del salón de actos. Estuve comentando algunas cosas con los residentes del hospital de Polonia, los estudiantes y el jefe de servicio. No entré en mucho más detalle, pero entendí que algunos de ellos pensaban que yo pretendía averiguar qué regiones del cerebro se asociaban a determinadas emociones. Era todo lo contrario. Creía haberlo explicado de forma clara. Pero eso me hacía ver que aún estamos lejos de la neurociencia cognitiva y de entender como neurocirujanos qué es una emoción, qué es el proceso de empatía, qué son las metarredes y por qué es importante tenerlo todo claro. Lo que yo pretendía era explicar que no podemos entender el movimiento de la misma forma que la emoción o la atención. Con el modelo de un cerebro como un metasistema en cinco dimensiones (aunque fuera como hipótesis o marco teórico conceptual), parece claro que la función motora tiene una menor capacidad plástica de desplazarse o restaurarse a través de la neuroplasticidad que induce el tumor (cuarta dimensión) y una menor variabilidad entre individuos (quinta dimensión) respecto a las funciones complejas, como leer la mente de otro ser humano, reconocer su emoción y predecir cómo va a comportarse, o emocionarnos con una melodía. Este era el mensaje. Que el cerebro computa estas funciones complejas de una forma extremadamente diferente a las funciones básicas, por lo que no íbamos a conseguir ver un punto determinado, fijo e inamovible a lo largo de su vida, que además fuera el mismo en el resto de los pacientes, de forma que al estimular eléctricamente durante la cirugía indujéramos un trastorno en el procesamiento emocional inequívocamente. ¡No tiene sentido! ¡En cada persona la red o la interacción de redes tiene su punto crítico de ensamblaje en una región! El test de reconocimiento emocional solo pretende ubicar, en ese momento y esa persona concreta con un tumor cerebral, los puntos críticos para el procesamiento emocional y respetarlos. Mi objetivo no era solo que el paciente hablara y se moviera: era que volviera a su trabajo. La neurocirugía parece haberse quedado, en una grandísima parte, en el localizacionismo de Sherrington, Penfield, Broca y Wernicke, en el que cada función cerebral tiene una región concreta, como si pudiéramos localizarlo todo en las tres dimensiones del espacio: ancho, largo y alto (x, y, z).

¿Era este tumor insular derecho inoperable? El rol de la ínsula en la mente humana.

Uno de los vestigios del localizacionismo que tanto hemos nombrado es la tendencia, aún, a estudiar las funciones de las regiones cerebrales de forma aislada en lugar de estudiar interacciones entre redes neurales a gran escala. La ínsula es una de las regiones más interconectadas de nuestro cerebro, y se le ha dado gran importancia desde siempre por su procesamiento clave en fenómenos cognitivos (cognición social, regulación emocional, percepción de sensaciones corporales o interocepción, percepción del yo, atención, memoria de trabajo, etcétera). Se encuentra anatómicamente, a modo de isla (de ahí su nombre en latín: *insŭla*), en la profundidad entre el lóbulo frontal y el lóbulo temporal, y en su entorno presenta una gran cantidad de vasos sanguíneos críticos con los que tenemos que lidiar durante la cirugía, ya que, de dañarse, puede suponer un daño irrecuperable para el paciente.

De las funciones en las que la ínsula está involucrada, siempre me ha fascinado el yo, la autopercepción. Todos los científicos que han dedicado su vida a los entresijos de la mente humana se han sentido atraídos por este constructo, es decir, que tú cuando leas este libro estés teniendo consciencia de ti, de tu cuerpo, de tus experiencias a lo largo de la vida. El sentido de uno mismo es una característica esencialmente humana que proporciona sentimientos de singularidad, coherencia, individualidad y unidad respecto a otros o al ambiente externo. Es el proceso elemental que unifica experiencias, niveles de consciencia, comportamientos, cogniciones y representaciones mentales dispares en un «todo» que sentimos totalmente coherente y unificado. Sentimos como ese todo tanto al yo físico (nuestra imagen corporal) como al yo mental (yo soy yo, con mis sensaciones, experiencias y memorias). Por encima de esos dos habría otro nivel más en cuanto a funciones cognitivas, y es la capacidad de hacer reflexión sobre el «yo», que hemos comentado en el capítulo anterior: la metacognición, el ser conscientes de que somos conscientes. Sin embargo, que la ínsula sea clave en el sentido del yo no quiere decir ni que este sentido esté solo en la ínsula, ni que sea esta la única que influya en él. Remito de nuevo al concepto de metasistema: que las funciones cognitivas complejas son fruto de conexiones entre sistemas o redes neurales, y no consecuencia de un punto concreto en el espacio. Dada la complejidad de este fenómeno del «yo», abordaremos con más detalle en el próximo capítulo cómo pueden verse disociados durante la cirugía el «yo» físico y el «yo» mental.

Otra de las funciones en las que la ínsula está involucrada es el procesamiento emocional. Algunos autores, como el neurocientífico portugués António Damásio, han propuesto que las señales *bottom-up* que la ínsula procesa, procedentes del sistema nervioso autónomo (sudoración, palpitaciones, pelos de punta, falta de aire, etcétera), remodelan las experiencias emocionales que vivimos, influyendo las sensaciones corporales en las emociones, y viceversa. Esto está relacionado con lo descrito por Macdonald Critchley, cuando mostró que pacientes con fallos en el sistema nervioso autónomo (el que produce la sudoración, la piel de gallina, etcétera) presentaban una actividad más baja de lo normal en la ínsula ante factores estresantes, e incluso describían cómo literalmente sentían que habían perdido la capacidad de emocionarse o de ser seres emocionales.

Pero ¿de dónde sacamos esta información? La mayor parte se extrae de imágenes de resonancia magnética funcional enfocada principalmente en la localización de la función, que revelan activación en regiones cerebrales específicas durante la realización de tareas cognitivas concretas. Sin embargo, como hemos comentado, los métodos de neuroimagen para delimitar las redes cerebrales en vivo no son exactos y hasta ahora: 1) han carecido de la resolución espacial adecuada para delimitar claramente la conectividad de la ínsula humana,[2] dificultando el estudio de la ínsula en redes y en interacciones entre redes; 2) siguen sin permitirnos diferenciar entre áreas críticas y áreas relativas o compensables, lo cual es clave para la cirugía de los tumores cerebrales y es donde la estimulación eléctrica durante la cirugía despierta nos da esa información extra. La resonancia, en cambio, hace una inferencia a través de las moléculas de oxígeno que son reclutadas por las diferentes áreas estudiadas, generando la conclusión de que aquellas que más se activen serán las que más oxígeno recluten. Y esto, de alguna forma, no nos permite sacar conclusiones respecto a redes ni nos dice exactamente qué regiones de la ínsula son críticas a la hora de extirpar un tumor.

Cada vez es más evidente que la neurociencia cognitivo-afectiva necesita ir más allá de la asignación de complejos constructos cognitivos y psicológicos a áreas cerebrales individuales. Por ello, como neurocirujanos no podemos pensar solamente que la ínsula es una zona clave para las emociones, el comportamiento y la planificación del movimiento o la atención, sino que debemos entender el cerebro como un sistema biológico complejo en el que estas funciones cognitivas nacen de las interacciones de la ínsula con otras regiones cerebrales a través de redes a larga escala. En los últimos años ha ido surgiendo un consenso en torno a la idea de que la clave para entender las funciones de cualquier región específica del cerebro reside en comprender cómo su conectividad difiere del patrón de conexiones de otras áreas cerebrales relacionadas funcionalmente. En esta línea, varios estudios, como el de Menon y Uddin (2010),[3] proponen entender la ínsula como la «intersección» —o un punto clave espaciotemporal— de tres redes, que ya conocemos desde el capítulo 1, como fundamentales en todas las funciones cognitivas del ser humano: red por defecto, red de saliencia y red frontoparietal (o ejecutiva central).

Pero ¿cómo funciona exactamente este entramado de tres redes donde la ínsula es un pivote clave? En nuestro día a día vamos haciendo diferentes tareas mientras estamos expuestos a un grandísimo flujo de estímulos, constantemente. El papel de la red cíngulo-opercular (o red de saliencia) es identificar estos estímulos, que pueden venir del interior (una sensación corporal o un sentimiento de nostalgia, por ejemplo) o del exterior (vamos caminando por la calle y vemos a lo lejos a alguien que conocemos y que no vemos hace años). Una vez detectado el estímulo, esta red facilita el procesamiento de la información que necesitamos para llevar a cabo la tarea (cambiar nuestra trayectoria para ir a saludar a esa persona), lanzando señales de control transitorias apropiadas para activar las áreas cerebrales que median en la atención, la memoria de trabajo (la memoria de corto plazo que nos permite hacer una tarea), respuestas motoras y los procesos cognitivos de orden superior (como la empatía o el procesamiento emocional al interactuar con esa persona), a la vez que «desconecta» la red por defecto, que, como sabemos, tiene la función principal de hacer introspección, divagar, imaginar, etcétera. Por ello la ínsula es una región clave del cerebro donde tres redes se entrecruzan funcionalmente.

Por último, también tiene algo diferencial que explicaría la rapidísima transmisión de información entre diferentes regiones del cerebro que se incluyen dentro de la red de saliencia (la que capta las señales externas e internas y envía la información a las otras redes), y son las neuronas Von Economo o neuronas en huso, que presentan un «cuerpo» alargado y un axón mucho mayor, que permite una transmisión de información más eficiente (señal más rápida con menor gasto de energía).

Tiene sentido, por tanto, que una hiperactividad de la red de saliencia sea la base del aumento de la sensibilidad ante los eventos externos. Algunos estudios proponen que las alteraciones en esta red (y, por tanto, en las otras redes con las que se relaciona) generan una modificación en cómo procesamos de forma extrema o patológica estímulos emocionales o sensoriales que para otros seres humanos pueden ser normales, lo cual es clave en trastornos de ansiedad o fobias. Por ello la visión de metasistema o metarredes nos permite entender que este trastorno u otros relacionados no se localizan en un punto concreto de la ínsula, sino en un desorden o descoordinación en la transmisión de información entre redes.

Con todo lo descrito, y el rol que la ínsula tiene no solo en una red, sino en cómo se organizan otras redes... ¿cómo puede ser operable? ¿Y por qué lo sería mediante cirugía despierta? Pues fundamentalmente por la neuroplasticidad. La cirugía despierta no hace magia. No es más que el uso inteligente para comprobar los límites de la neuroplasticidad del conectoma de nuestro paciente, porque aquellas funciones que no haya conseguido compensar y desplazar lejos del tumor, no podemos tocarlas. Si no hubiera esta constante dinámica en forma de transiciones rápidas entre redes que, a largo plazo, permitiera una reconfiguración tal que permite desplazar zonas críticas a otros lugares de nuestro cerebro y de una forma diferente en cada paciente, no podríamos extirpar ningún tumor aquí localizado sin dejar secuelas graves. Porque la ínsula es eso: un faro que da luz a tres redes diferentes. Varios estudios neurofisiológicos y de resonancia muestran cómo la neuroplasticidad hace que la ínsula afectada deje de tener un rol clave en esas funciones y se compense, primero, con estructuras adyacentes, y luego incluso con la ínsula del otro hemisferio cerebral. Esto normalmente es más frecuente si el tumor es de bajo grado (lento crecimiento). De lo contrario, si el crecimiento del tumor supera en el eje del tiempo a la capacidad neuroplástica, las funciones inevitablemente se verán afectadas. Y esto solo lo podemos comprobar con la cirugía despierta. Sin embargo, es importante tener en cuenta que esta remodelación consecuencia de la neuroplasticidad puede tener algunas limitaciones incluso en tumores de bajo grado, de hecho, en algunas series como las publicadas por Duffau en 2009 en tumores insulares ubicados en el hemisferio izquierdo, se sugiere que en el 21 % de los pacientes, a pesar de estar afectados por tumores de bajo grado (glioma grado I-II), se encontraron zonas críticas antes de llegar a las carreteras profundas, por lo tanto, no se pudo llevar a cabo una resección completa del tumor. Por ello, y aquí entra en juego la variabilidad individual, debemos tener en cuenta las diferencias entre sujetos, y al realizar una cirugía despierta con estimulación eléctrica directa podemos identificar y preservar estas zonas críticas que el cerebro no ha tenido tiempo de reconfigurar. Esto lo haríamos preguntando (aplicando el estímulo eléctrico) puerta por puerta en la superficie de la ínsula para asegurarnos de no dejar secuelas. Por lo tanto, solo nos falta saber dónde sí o sí hay que detener la resección del tumor, de forma que se pueda preservar la calidad de vida, o al menos maximizar las posibilidades. Aquí entran los puntos-stop del conectoma, los tractos profundos, que ya conocemos. Esos puntos donde apenas hay capacidad plástica (cuarta dimensión) y donde hay menor variabilidad entre sujetos (quinta dimensión). Anatómicamente, estos puntos estaban claros (Figura 15): el fascículo arcuato que discurre en la parte posterior y superior de la ínsula (crucial para el procesamiento fonético y articulatorio del lenguaje), y el IFOF, que discurre bajo la parte anterior e inferior de la ínsula (crucial para el procesamiento semántico y el reconocimiento emocional).

Con esta información, asumimos la responsabilidad de adentrarnos en la mente de Marek para extirpar el tumor.

28 de junio de 2023. 10.30 h

No se me borra de la mente la imagen de estar con el estimulador bipolar rojo en la mano a punto de comenzar a hacer el mapa de la superficie cerebral, y así ver por dónde podríamos entrar hacia el tumor. Tenía la sensación de estar en todos los sitios y en ninguno. Vivo cada una de estas situaciones de una forma demasiado intensa; no sabría explicarlo. Como si fuera a ser la última. Íbamos a operar un tumor que no habían operado desde hacía diez años por los riesgos de graves secuelas. A la derecha tenía a Paweł Szmygin, como neurocirujano auxiliar, y, detrás de él, a Wojciech Górecki mirando atentamente, un neurocirujano experimentado en tumores localizados en la ínsula. Tenía conciencia de todo el espacio del quirófano, memorizado en mi cabeza. Lucas, el director de nuestro documental, tenía las dos cámaras apuntando y, detrás de mí, más de treinta ojos de neuro-

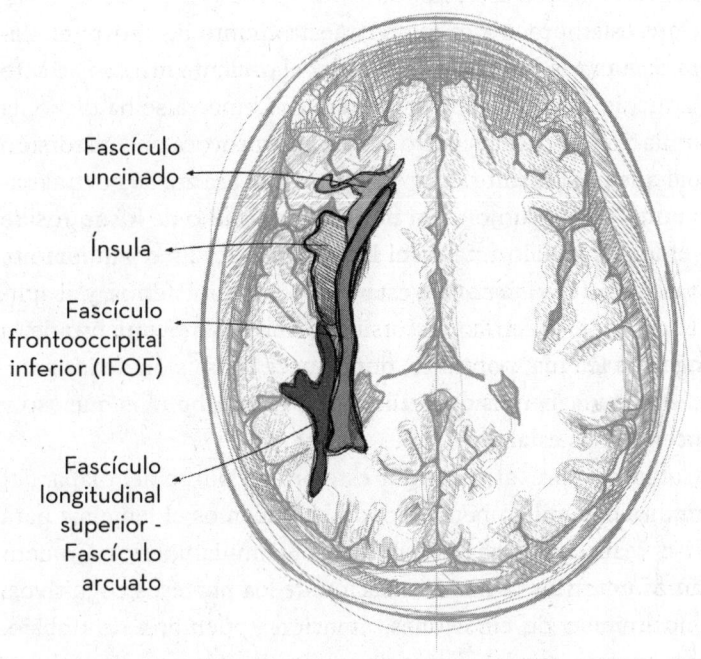

Fascículo
uncinado

Ínsula

Fascículo
frontooccipital
inferior (IFOF)

Fascículo
longitudinal
superior -
Fascículo
arcuato

Figura 15. Observamos un corte axial (de abajo hacia arriba) de una resonancia magnética cerebral, donde vemos en ambos lados la ínsula en la profundidad entre el lóbulo frontal y temporal, y su relación con las carreteras profundas principales que serán nuestros puntos-stop del conectoma: IFOF, fascículo arcuato y fascículo uncinado.

cirujanos, neuropsicólogos, anestesistas, neurofisiólogos y estudiantes polacos esperando ver qué sucedía.

—Empezamos, Natalia. Doble tarea. Que mueva el brazo izquierdo de forma constante y cuente del uno al diez —dije, para comenzar el mapeo cerebral.

Como siempre, buscábamos nuestro punto de apoyo: el *ventral premotor cortex*, donde al estimular el paciente hizo un arresto del lenguaje: no podía seguir contando. Como ya se ha dicho, la estimulación solo dura cuatro segundos y provoca una distorsión virtual que nos permite saber qué pasaría si esa zona la extrajéramos junto con el tumor. Ahí desmontamos uno de los mitos de que el lenguaje solo está en el lado izquierdo. Es obvio que no, pues el *ventral premotor cortex* está en ambos hemisferios, y al aplicar el estímulo eléctrico distorsionábamos el movimiento de la laringe y la lengua, por tanto, donde nace la emisión de las palabras. Pero ya sabemos que el lenguaje es mucho más que eso y conocemos sus eslabones.

Como siempre, al encontrar este primer punto del mapa, dejábamos a ese miliamperaje donde bloqueamos el lenguaje para hacer el resto del mapa: en este caso a 3,5 miliamperios. Comenzábamos entonces la monitorización de los procesos cognitivos: reconocimiento de emociones, atención y memoria de trabajo. Empezaríamos con las tareas de reconocimiento emocional con nuestro test.

—Ansiosa. Decepcionado. Envidioso.

—Sarcástico.

—¡Fallo! —exclamó Natalia rápidamente para avisarme.

Al estimular la circunvolución frontal media para comprobar si podríamos entrar por esa zona al tumor, Marek fue incapaz de reconocer el sarcasmo en uno de los avatares. Estábamos comprobando que el test funcionaba, pero sabía que Paweł y Wojciech no estarían convencidos de que esa zona era crítica para el procesamiento emocional. Ellos creían que era fruto del azar, lo sé. Necesitaban ver que volvía a suceder al aplicar el estímulo en el mismo punto. Continué estimulando otras regiones para comprobar que, efectivamente, el tumor había generado la suficiente plasticidad para darnos alguna puerta de entrada, por pequeña que fuera. Volví a estimular en la región a la que ya le había puesto la «etiqueta» de las emociones, casi rezando para que volviéramos a inducir el fallo y demostrar que ese punto era crítico para el procesamiento emocional. (Véase Imagen 3 en el pliego en color.) Y Marek volvió a fallar. No pudo reconocer la nostalgia. El error, es decir, la incapacidad para ver la emoción en el avatar, se volvía a producir. Era el mismo punto, no había ninguna duda. Así que solo pude alzar la voz, entusiasmado, y decir:

—¿No se ve? ¿No está claro que el hemisferio derecho no es «no dominante» y que está lleno de funciones? ¿No es obvio que con el estimulador podemos descubrir las zonas críticas de las funciones complejas como el reconocimiento de emociones? ¿Cómo haríamos esto si el paciente estuviera dormido? ¿Cómo?

Sentía enfado con el mundo; no era nada personal. Miré a Paweł, sus ojos se abrieron y asintió con la cabeza, con la ilusión de ver lo que estaba pasando. Paweł necesitaba ver que lo que el profesor Duffau hace en Montpellier era replicable en su país. Había ido a Montpellier a ver la filosofía de la cirugía despierta, y me había pedido ayuda para este caso. Estaba muy interesado en cambiar las cosas. Sabía que había un paso más allá y quería darlo.

Cuando estábamos extirpando el tumor, Marek continuaba haciendo multitareas para asegurarnos de que preservábamos la dinámica entre sus redes neurales. Cuando empezara a caer su capacidad para realizar varias tareas a la vez o cualquier otro problema, era el momento de parar. Honestamente sentía miedo por lo que les he contado del caso: nadie había considerado que podría operarse en estos diez años sin dejar secuelas, el paciente estaba algo deprimido, se le había dado radioterapia previamente, lo cual es un factor que limita mucho la neuroplasticidad. Por lo tanto, necesitábamos una precisión exquisita. Y era posible que tuviera que parar antes de llegar a los puntos-stop de las carreteras profundas, porque todavía algunas partes de su ínsula no hubieran desarrollado neuroplasticidad. Por ello me aseguré de ir estimulando y preguntándole al cerebro más de lo que normalmente lo hacía, donde normalmente voy directo a encontrar los puntos-stop. Tras haber extirpado una gran parte del tumor sentía que estábamos llegando. Wojciech iba colocando cada cierto tiempo el neuronavegador para tener una estimación de a cuántos milímetros estábamos de los tractos profundos para tener una guía mientras continuábamos con la extirpación, pero, como sabemos, la respuesta final la dan la estimulación eléctrica y la respuesta causante en el paciente. Ahí sabríamos dónde y cuándo debíamos parar.

Llegados a este punto del capítulo es un buen momento para explicar que hay excepciones de los puntos-stop que no son una carretera, es decir, que no son un conjunto de axones a modo de cables. Son las excepciones que confirmarían nuestra regla, y alguna ya la hemos nombrado. Estas excepciones son núcleos o agrupaciones de neuronas primitivos y que se encuentran en el *core* o parte más central y profunda del cerebro: como el núcleo caudado, el núcleo lenticular o el tálamo. Y cuentan con las mismas características que las carreteras profundas: no tienen gran variabilidad entre sujetos (quinta variable) ni tienen capacidad de neuroplasticidad (cuarta variable). A medida que avanzábamos con la extirpación, en la parte media de la ínsula, sentía que habíamos profundizado lo suficiente; el núcleo lenticular, involucrado en la emisión y articulación del lenguaje, debía estar cerca. Pedí el estimulador. Con el separador levanté ligeramente el opérculo del lóbulo frontal y coloqué el estimulador en profundidad. Al momento Natalia me avisó de que se detenían el movimiento del brazo izquierdo y el habla. Sabía que estaba ahí. Volví a estimular para validar y estar seguro. (Véase Imagen 4 en el pliego en color.)

—Se ha desconectado ahora —me dijo Natalia—. Ha tenido una sensación extraña, no sé si extracorpórea.

Teníamos la dificultad de estar haciendo el examen neuropsicológico en polaco, con una neurocirujana que hacía de intérprete, y nos iba diciendo lo que el paciente iba respondiendo a cada segundo traduciéndolo ella del polaco al inglés. Al preguntarle a Marek, describió un fenómeno extraño, que no acabó de poder definir exactamente:

—Me he desconectado. Se ha parado todo por un momento. Y he vuelto en mí a los segundos. Ya me encuentro bien. Puedo seguir.

Tenía preservada la metacognición, es decir, podía autoevaluarse y decirnos lo que había sucedido. Rápidamente continuó haciendo tareas de reconocimiento emocional, pero ya el conectoma comenzaba a decirnos que alcanzábamos uno de los puntos-stop, concretamente en la parte más profunda del tumor. Un poco más adelante y hacia abajo, estimulé buscando el IFOF, esperando que el paciente fallara en el reconocimiento de emociones. Y en ese momento no pudo identificar el avatar avergonzado. Teníamos que parar la resección del tumor en esa dirección (ya hemos hablado mucho de la importancia de respetar las carreteras profundas para preservar la conectividad entre redes neurales). Coloqué la etiqueta del IFOF para tenerlo localizado en esa profundidad blanco-anacarada del cerebro y continué hacia mi otro punto-stop. Seguí hacia la parte posterior y superior de la ínsula, donde sabemos que está el fascículo arcuato, esperando un fallo en el lenguaje.

—Esto es… un botón. Esto es… una iglesia. Esto es… una tuma.

—¡Fallo! ¡Parafasia fonética! —me avisó enérgicamente Natalia.

—Esto es… un lápiz. Esto es… una guilla.

—¡Fallo de nuevo! ¡Parafasia fonética! —gritó Natalia.

No teníamos dudas. Más atrás y hacia arriba estaba la unión del fascículo arcuato con el fascículo longitudinal superior III, y lo localizamos al estimular por tercera vez y generar el fallo conse-cutivamente. Al estimular encontramos que el paciente había cambiado la palabra «pluma» por «tuma», y «silla» por «guilla», de modo que cambiaba las palabras por otras fonéticamente similares, lo cual es absolutamente típico del fascículo arcuato. Ya habíamos encontrado los límites. Sabía que en la zona posterior me quedaba un resto del tumor, pero no tenía sentido quitar más cuando el conectoma ha dicho basta.

Me quité la bata estéril con la que había estado operando y fui a hablar con Marek. Quería verlo y hablar con él antes de que lo durmiéramos. Me puse en cuclillas, lo miré a los ojos y cogí su mano izquierda. Permanecía despierto, aunque empezaba a estar cansado. Nunca había visto algo así. Si fuera por él, habría seguido. Me emocionaba.

—Ya han pasado dos horas y media. Te prometí que no tendrías que trabajar con nosotros más de ese tiempo y que todo iba a salir bien —le dije sonriendo mientras le apretaba la mano—. Todo ha salido bien Marek, eres un campeón, vas a recuperarte.

El paciente no sabía inglés, pero os juro que hay momentos en los que los humanos no necesitamos hablar el mismo idioma. Es el idioma de las emociones. Y se entienden todas. Se sienten muy adentro. Tragué en seco varias veces. Solo podía sentir la mayor satisfacción de mi vida. Lo habíamos conseguido. Con toda la presión encima de nuestros hombros. Creo que la valentía con responsabilidad tiene premio.

A las diez de la mañana del día siguiente subíamos a la habitación de Marek. Estábamos aún esperando el escáner cerebral. Ni siquiera habían pasado veinticuatro horas de la cirugía, pero queríamos hacerle todos los exámenes para saber cómo estaban sus funciones cerebrales. Quería comprobar que todo estaba como debía estar. Aunque estaba muy seguro de lo que habíamos hecho en quirófano y de cómo habíamos hecho a su mente las preguntas que necesitábamos, siempre tengo presente que el cerebro es un animal indomable que nos supera a todos. Natalia le fue pasando, uno a uno, todos los test. Marek, con esa expresión que siempre tenía de buen hombre, siempre con un sí para colaborar, me generaba sensaciones entrañables. Qué clase de buena persona. Íbamos viendo, a medida que Natalia le pasaba los test, que su capacidad de reconocer emociones, de establecer familias semánticas, la metacognición y las funciones ejecutivas estaban completamente preservadas. Su capacidad para mantener la atención era algo más baja, pero era lo menos que podíamos esperar después de una resección del tumor tan amplia, y se recuperaría en los siguientes días. Y allí estaba mi colega Wojciech. Lo estábamos viendo con nuestros ojos. Habíamos extirpado la mayor parte de la ínsula y el paciente estaba bien. Se lo había prometido. Lucas me miraba de reojo, también emocionado. Me apoyé en los hierros de la camilla mientras veía a Natalia pasar mi test, nuestro test, en polaco, a un paciente que había tirado la toalla en su lucha por vivir. Marek era capaz de hacer todas las tareas y veíamos que su mente estaba funcionando perfectamente. En ese momento miré a Wojciech. Nunca había sentido la mirada de agradecimiento de un colega de profesión de esa forma. Era un hombre frío, callado, tranquilo, pero era alguien de verdad. Juro que lo vi emocionado y agradecido.

—El paciente está llorando —me dijo.

—¿Por qué? —pregunté con un nudo en la garganta, intuyendo lo que pasaba.

—Está emocionado. Está realmente emocionado porque pensaba que no podría estar así tras la cirugía —explicó con lágrimas en los ojos.

Lo habíamos hecho. Lo logramos. Además, teníamos la suerte de estar grabando el documental y teníamos la opción de volver a verlo y emocionarnos. De consultarlo cuando no nos lo creyéramos. Se nos saltaban las lágrimas al mirarnos. En España habíamos recibido críticas que nos habían dolido en el alma. Pero lo cierto es que estábamos consiguiendo reproducir nuestros resultados en casos muy complejos donde nadie se había atrevido a entrar. Lo había hablado con el profesor Duffau unas semanas antes y me había dicho: «Vete, puedes hacerlo». ¿Cómo me iba a sentir? Se había cerrado otro ciclo. Mi mentor, el ser humano con más pasión que había conocido, me había autorizado a hacer esto. No puedo explicar la sensación. Si mi vida hubiera acabado ahí, creo que habría valido la pena absolutamente todo, incluso lo malo. Solo pensaba en mi tío. Lo que estaba pasando era algo grande. Apenas hacía un año que había terminado la residencia en Neurocirugía y ahora iba por el mundo llevando nuestra filosofía como forma de ayudar a los pacientes cumpliendo nuestro sueño. Por momentos sigo pensando que todo es un sueño.

Por favor, no permitamos que nadie nos diga que nuestra idea no vale. Nadie. Porque la verdad no está en este papel para demostrar nada o en un artículo científico para cubrir nuestro ego. Está en ayudar al paciente, y sentir que, a veces, la vida puede ser maravillosa… Porque, a veces, podemos ser nosotros los que demos un paso más.

30 de junio de 2023. Partimos de vuelta hacia Madrid. 22.19 h

Sobrevolamos Valencia en este instante. Vuelvo a coger mi portátil para terminar este capítulo. Pensaba terminarlo durante el vuelo, pero no sería honesto no contar en este libro que uno de mis mayores miedos es volar. He estado pensando todo el viaje en cómo terminar, y en qué experiencia podría añadir de lo vivido. Pero siento que más allá de la neurociencia que hay en este libro, y que será limitada como cualquier conocimiento humano, lo que me apetece decir es: gracias. Miro a Lucas y a Natalia en los asientos de al lado. Lo hago varias veces, como cuando te despiertas de un sueño y abres y cierras los ojos para comprobar si realmente es sueño o realidad. Estos seres humanos se han convertido en mi familia. Algo me dice que vamos a conseguir remar hasta el otro lado del río. No voy a parar. Gracias, Marek, por confiar en mí y en mi equipo. Por mirarme con fe cuando te di la mano por primera vez en tu habitación del hospital y viste a un joven español del que solo sabías que venía a intentar ayudarte. No voy a olvidar nunca la energía que sentí cuando nos dimos la mano. Esta experiencia ha cambiado mi vida para siempre. Gracias, Paweł y Wojciech, por dejarme vivir esto y trabajar juntos en equipo.

Suena en mi cabeza el arpegio de Jorge Drexler. Abro Spotify. Y seguidamente...

Clavo mi remo en el agua,
llevo tu remo en el mío,
creo que he visto una luz
al otro lado del río.
El día le irá pudiendo
poco a poco al frío,
creo que he visto una luz
al otro lado del río.
Sobre todo creo que
no todo está perdido.
Tanta lágrima, tanta lágrima
y yo soy un vaso vacío.

CAPÍTULO 8

Una experiencia extracorpórea

TERCERA SINFONÍA DE BRAHMS. TERCER MOVIMIENTO

24 de octubre de 2023. Hotel NH, Montevideo, Uruguay. 23.00 h

Voy a las primeras páginas de este word donde tengo escrito el primer y el segundo capítulo. Y cada vez que leo «remar al otro lado del río» algo por dentro se me enciende. Nudo en la garganta. Gracias, vida, por llevarme hasta aquí. Lo cruzamos para llevar nuestra forma de ver el cerebro y la cirugía despierta a otros lugares lejanos del mundo. En cuestión de meses, allí estábamos. De alguna forma lo conseguimos. Me había invitado Matías Baldoncini, neurocirujano argentino, para llevar a cabo una cirugía en Buenos Aires, y me habían invitado en varias universidades a dar conferencias. Hasta ahora habían sido dos días de vértigo, sin tiempo para respirar, pero ya habíamos apalabrado cruzar hasta Uruguay.

Cruzamos el Río de la Plata para llegar a Montevideo. El viento nos daba en la cara y nos despeinaba. Pero aquel no era cualquier viento. Estábamos cruzando de Argentina hasta Uruguay, y para nosotros aquello era una experiencia con la que nos quedaríamos para siempre. Al otro lado del río nos recibió Roberto Montenegro, mi maestro de dirección de orquesta, a Natalia, a Lucas, a Pedro y a mí. Roberto y su mujer se encargaron de hacernos la llegada a Montevideo más llevadera. Llevábamos unos días demasiado intensos. De una conferencia a otra, mientras planificábamos la cirugía que teníamos dos días después, sin casi tiempo para respirar. Los cuatro funcionábamos como autómatas por momentos, con nuestras mochilas cruzando el río entre Argentina y Uruguay. Lo cierto es que el año estaba siendo demasiado raro. Sé que he insistido en ello, pero me gustaría que el yo del futuro pudiera acceder a este diario y que encontrara aquí la verdad: cómo me sentía exactamente. Notaba una incongruencia tremenda entre llevar más de nueve meses sin tener a quien dar un abrazo al llegar a casa, lejos de mi familia, entre habitaciones de hotel y apartamentos, y tener la bandeja llena de mensajes en Instagram, LinkedIn, correos electrónicos y mensajes… sin comparación con cualquier otro momento de mi vida. Lo sentía como una falsa compañía. No sé. Cada vez tengo más claro que donde la gente ve el éxito en alguien, realmente solo hay una puerta que da a la nada. No hay nada detrás. Es cierto que el 2023 probablemente cambiaría el resto de mi vida. Todo mi futuro. Pero nada de importancia tiene el éxito profesional si lo comparo con volver a darles un abrazo a mis padres. Creo que nos enseñan a competir, a buscar el éxito. Nos hablan de la fama o del reconocimiento como una especie de escalón de poder. Pero sé que lo único de verdad en todo aquello era el paciente que íbamos a operar el jueves. Ayudar a alguien que lo necesita en la otra punta del mundo. Todo lo demás son fuegos artificiales. Y todo esto lo decía en voz alta mientras hablaba con María, la directora de la obra sobre la muerte de Federico García Lorca, para la cual me había comprometido a hacer la banda sonora. Y aprovechamos aquel espacio de tiempo para hablar un poco sobre todas estas cosas de la vida. Para hacer catarsis. Para hablar de las dificultades del mundo adulto. De lo humano y de lo divino. Pero al final todo acababa en música. Sobre todo cuando la directora de la obra o de la película tiene prisa. La vida.

De aquel viaje a Sudamérica me estaba haciendo ilusión todo. Por pequeño que fuera y por más estrés que llevásemos encima.

Disfrutaba de aquella charla en el coche, desde el puerto hasta el hotel, hablando con Roberto de su experiencia con Celibidache, de por qué era algo diferente a Von Karajan y de cuáles eran sus obras clásicas favoritas. Me encantaba que me contara qué orquestas había dirigido por el mundo. Y lo cierto es que me hacía especial ilusión que la gente que era importante para mí se conociera entre sí. Que mi mejor amigo y también neurocirujano Pedro Pérez del Rosario conociera a Roberto. Los dos significaban mucho para mí. Habían sido fundamentales en mi desarrollo personal y profesional. Me preguntaba Roberto si tendría al menos esa noche y parte de la mañana para descansar, y le conté que no había ni un respiro. Que la directora de la obra llevaba semanas pidiéndome un réquiem para la escena de la muerte de Lorca de seis minutos. ¡Seis! Él sabe lo que significa hacer seis minutos de música para orquesta sinfónica en formato grande. Además, María me decía que debía tener «el aire del tercer movimiento de la *Tercera sinfonía* de Brahms», me decía: «Escucha ese violoncelo… algo así quiero». Nos reímos… Es algo que pasa con los directores: ¡¡de pronto piensan que puedes hacer música como Brahms o como John Williams!!

Fuera como fuese, el año había sido una lucha constante entre yoes. El yo artista, que necesitaba crear, y el yo científico, el del eje x, y, z, cartesiano. La vorágine de cosas que habían sucedido me invitaba a no hacer música. A tener el foco al 100 % en la neurocirugía y la neurociencia, en la investigación. Pero ¿cómo iba a pedirme eso a mí mismo? No sé cómo había aceptado dos bandas sonoras, y tenía que terminarlas. Además, la muerte de Lorca me apasionaba. Toda aquella injusticia acerca de un ser distinto, que a pesar de lo poco que le dejaron vivir cambió tantas cosas. Haber sido castigado por no ser como todos. Aquello me inspiraba.

No obstante, sabía que iba a ser un auténtico sufrimiento llegar a todo. A las cirugías en otros países, a las conferencias, a este libro, a... Había escrito más de la mitad de la banda sonora y tenía un bloqueo creativo. Esto es la mayor pesadilla de un compositor. El pentagrama en blanco. Sin notas. Mientras por otro lado sientes que tienes la música dentro, te la imaginas, sabes cómo iría todo en el pentagrama, cómo quieres que suenen las texturas de las cuerdas, cómo mezclarlo con el corno francés y el oboe... Pero no podía escribir. No me salía. Porque lo que escribiera tenía que estar a la altura. A la altura del momento en que Lorca caía al suelo fusilado por Trescastro. Había pasado ya la medianoche y por la mañana tenía una conferencia en el Hospital de Clínicas, invitado por el doctor Humberto Prinzo, y una reunión con Microsoft. ¡Sí, Microsoft! No entendía nada, de verdad. Hacía ocho meses solamente del inicio de todo, y ni en mis mejores sueños me esperaba algo así. Pero la velocidad de vértigo de todo lo que estaba sucediendo no me dejaba disfrutar de las cosas, digerirlas.

«Necesito ya la música del réquiem», me insistía María.

Había habido un cambio repentino en la fecha de estreno. Finalmente se estrenaría en Santa Cruz de Tenerife el 15 de diciembre, para posteriormente ir a Madrid. Eso significaba que ni siquiera me daría tiempo a preparar las partituras para la orquesta e ir a grabar la banda sonora a Budapest, como habíamos hecho en otras ocasiones. Todo el mundo tenía prisa.

Abrí Spotify y puse la *Tercera sinfonía* de Brahms.

Abrí el libreto de la obra al azar... página 58, escena XIII. Era un diálogo entre Adela (personaje de *La casa de Bernarda Alba*) y el propio Federico:

Escena XIII.

En la celda. La luz brillante de la luna se cuela por los barrotes, iluminando a LORCA levemente, sentado en el suelo, observando el exterior, el cielo, la luna. A su lado, ADELA.

—Y tú, ¿temes a la muerte? —le pregunta Adela.

—Si la temo, no es solo por mí, sino por todo lo que se me quedaría dentro. Por todo aquello que no podría crear cuando sé que está dentro de mí. Antes no lo hacía, te lo aseguro. Temerla. Lo único que me ha importado siempre es vivir. Disfrutar. Junto a los que quiero. Nunca me he preocupado por nada más, ni de nacer, ni de morir. Pero la mera posibilidad de que eso se desvanezca, el poder crear lo que siento que nace de mí, me agarra con tal fuerza el pecho y la garganta que apenas puedo pronunciar palabra. El más terrible de todos los sentimientos es el de tener la esperanza muerta. (Pausa. Lorca le coge las manos a Adela.) Por eso no he de matarla aún. Confío en ellos. Pepe y Miguel dijeron que vendrían a por mí mañana y eso harán.

Cuando leí esa frase, me sentí reflejado en cada línea. El proceso de empatía no se da únicamente mediante el reconocimiento de emociones, también a través de las palabras. Y el hecho de saber cómo y por qué creemos que muere Lorca, y escuchar que su pena más grande era dejar de crear, dejar de sentir, me emocionó. Me inspiró. Devoré las escenas restantes hasta la última, cuando cae al suelo tras los disparos. No sé por qué, ya me había leído el guion cuatro o cinco veces, pero esta fue la primera que me pude poner en su piel. Que pude sentirlo realmente dentro. Automáticamente abrí el Sibelius, el *software* que uso para escribir música. Nota por nota. Instrumento por instrumento. Y sentí que ahí estaba. Lo tenía. Me había llegado la inspiración. Dos horas después, tenía el réquiem.

Así me había pasado el año, con la preocupación de no llegar a todo y de tener que demostrar mucho. Demasiadas responsabilidades, navegando entre el arte y la ciencia. Sintiéndome, a veces, los dos yoes, otras veces uno solo y otras veces ninguno, pero extrañando ser ambos. Y aunque esto no deja de ser una reflexión filosófica, quiero hablarles de lo compleja que es la codificación del yo en el cerebro, ahora de manera clara y científica con un caso de hace unas semanas. A pesar de la inmensa complejidad del cerebro, hay momentos en los que siento que allí están todas las respuestas. Y a medida que vamos sabiendo cómo preguntarle, entendemos que hay menos espacio para el misterio y para la especulación. Somos corriente eléctrica en constante movimiento.

¿Yo soy yo? Despersonalización transitoria

Septiembre de 2023. 10.00 h
—Estoy llegando al límite. Dame el estimulador bipolar.

En la mano izquierda el estimulador bipolar, y en la derecha, el aspirador, como habitualmente, acercándome a los puntos-stop del conectoma. Buscando los límites de la extirpación del tumor. Porque los límites no son el tumor, son las carreteras profundas que mantienen la conectividad cerebral.

Sabía que me estaba aproximando a la parte más posterior del cíngulo, y tenía que ir comprobando dónde parar. Había podido resecar el *precuneus* (Figura 16) sin mayor problema, pero me acercaba a los límites del cíngulo posterior. Estaba danzando entre las zonas más interconectadas del cerebro humano. Durante la estimulación eléctrica directa íbamos pidiendo al paciente que hiciera tareas de reconocimiento de emociones intercalándolas con tareas de decisiones éticas en situaciones cotidianas (*false-belief task* adaptada).

Estímulo…

Silencio.

—¿Qué ha pasado, Frédéric? ¿Qué has sentido? —le pregunté. Tardó varios segundos en respondernos—. ¿Por qué no has podido hacer el test?

—¿Habéis estimulado? —preguntó él.

Me sorprendió. Era la primera vez que un paciente me preguntaba directamente si habíamos estimulado o no. Nosotros, siempre, eliminamos el sonido que hacen algunos estimuladores para que ni el neuropsicólogo ni el paciente sepan cuándo estoy

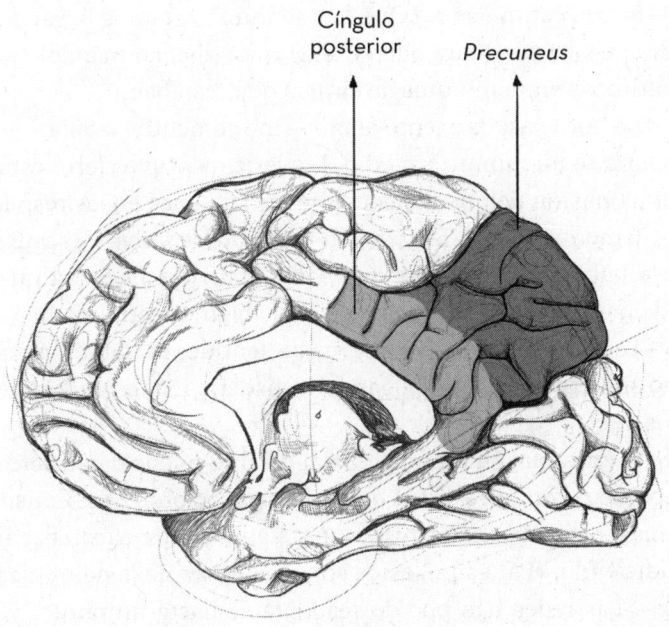

Cíngulo
posterior   *Precuneus*

Figura 16. Imagen de un corte sagital de un modelo de cerebro donde se ve la parte posterior del cíngulo y, encima, el *precuneus*, que es la parte más medial del lóbulo parietal. Aunque anatómicamente son estructuras «separadas», cuando hablamos de ellas, en términos de neurociencia, las juntamos como un complejo que actúa en muchas ocasiones conjuntamente.

aplicando el estimulador. De esta forma intentamos ser lo más asertivos posible y asegurarnos de que lo que siente el paciente o el error que le inducimos sea consecuencia de la distorsión eléctrica en las redes que le causa el estímulo.

—Sí. He estimulado. ¿Qué has sentido? Estamos llegando al final. Estás haciendo un buen trabajo —le dije, animándolo para los últimos veinte minutos de cirugía que restaban.

—Lo noto bastante lento ahora —me comentó Natalia.

Durante un minuto y medio, Frédéric mantuvo cierto estado de desconexión del medio, con grandes latencias en las respuestas. Cuando recuperó la atención del todo, le volví a preguntar qué le había pasado. Sabía que había ocurrido algo, era obvio. Y, además, me había preguntado si le habíamos estimulado o no.

—Te he preguntado porque me he sentido, por un momento, como si fuera un muñeco gigante de madera. Estaba dentro de él —nos dijo.

Sabíamos que en esta región del cerebro puede darse pérdida de contacto con la realidad o con la percepción de uno mismo. Además, encontrar estas respuestas significa que el cerebro nos está diciendo: «Para aquí, estos son los límites de la neuroplasticidad». Las redes han podido readaptarse hasta un punto, y en cada paciente se adaptan de forma diferente. Y no siempre se consigue una neuroplasticidad que desplace y ponga a salvo del todo las funciones. Y en esta zona de *precuneus* y cíngulo posterior es donde se pueden desencadenar este tipo de experiencias, aunque no son tan frecuentes como otras. Por ello nos quedamos sorprendidos. No tenemos la sangre fría. Hay cosas que nos sorprenden y nos dejan con la boca abierta. Todos los que estábamos allí somos unos auténticos apasionados del universo que tenemos dentro del cráneo, que contamos con la suerte de poder ayudar directamente con nuestras manos. Había leído experiencias de otros cirujanos durante la cirugía despierta en esta zona medial y profunda del lóbulo parietal, pero nunca algo así. En concreto los casos publicados por Balestrini en 2015, aunque no se daban demasiados detalles y se los denominaba con vaguedad como «experiencias extracorpóreas».

—Vale, tranquilo. Es normal. Es esperable. Estamos encontrando los límites. Hemos extraído probablemente todo el tumor, e intentamos llegar a los límites donde tu cerebro nos diga «basta» para preservar los cables profundos.

Continué aspirando un poco más arriba, en la parte más dorsal del cíngulo, seguro de que la mayor parte del tumor ya estaba extraída. Volví a estimular para comprobar y asegurarme del límite. Con tan solo aspirar por la zona, sin estimulación, volvía a tener grandes latencias en las tareas de reconocimiento de emociones. A estar algo más lento en su velocidad de procesamiento. Estimulamos mientras seguía haciendo las tareas.

—Vamos, Frédéric, ¿qué decisión tomaría el protagonista de la historia? ¿La viñeta 1 o 2? —preguntaba Natalia durante la tarea.

Silencio.

—El paciente está haciendo una taquicardia supraventricular —nos avisó el anestesista.

Dejé de estimular. Continuó la taquicardia hasta 150 latidos por minuto durante unos segundos. Y su corazón volvió a la normalidad. Durante estos segundos el paciente no había sido capaz de hacer la tarea, y a pesar de que mantenía el contacto visual con Natalia, no daba respuestas. Estaba como en un estado parecido al que aparece después de una crisis epiléptica, desconectado del medio.

—¿Cómo estás, Frédéric? ¿Qué te ha pasado? ¿Qué has sentido? —le pregunté de nuevo.

Sabía que habíamos alcanzado los límites. La cirugía había terminado. En la parte más trasera y dorsal del cíngulo posterior había una zona crítica que estaba desencadenando este tipo de experiencias. El conectoma estaba diciendo «basta», pero al menos nos había dejado extirpar la lesión al completo. ¿Cómo íbamos a hacer esto con el paciente dormido? ¿Cómo íbamos a conseguir esa exactitud o precisión de saber hasta dónde?

—¿Habéis estimulado? —preguntó de nuevo.

—Sí —contestamos.

—He vuelto a sentir algo parecido. Extraño. Como si fuera un sueño. ¿Cuánto tiempo ha pasado?

—Cinco segundos. Solo estimulamos durante cinco segundos.

—Sentí que salí de mi cuerpo, me vi fuera de mí mismo flotando, como si mi cuerpo se fundiera con el exterior, y, de pronto, iba atravesando a toda velocidad el suelo del quirófano, el suelo de cada planta del hospital a una velocidad frenética, como si nunca llegara al final. Notaba que el corazón me iba muy rápido. Pero me pareció mucho tiempo. Ha sido angustioso. Parecía que no acabaría nunca.

—No te preocupes. Tranquilo. Está todo bien. Ya hemos terminado. Enhorabuena por lo que has hecho. Bien jugado. Te haremos una serie de test sencillos para comprobar que todo está bien y comenzaremos el cierre. En un rato te despertarás, unos días de recuperación y estarás en casa con tu familia.

—Solo quiero ver a mis hijos —me decía con la voz exhausta, pero con la sensación de que aquella batalla él la había ganado.

El *precuneus* es, probablemente, la zona más interconectada del cerebro humano. Esta región es muy especial y puede generar cierto tipo de distorsiones transitorias del yo, porque actúa como una especie de puerta que, normalmente abierta, permite la integración de información entre tres redes diferentes. Es como una rotonda que recibe información constante de tres entradas y salidas diferentes. En torno a ella, las redes van intercambiándose la información y permitiendo estados transitorios de equilibrio (metarredes) para dar lugar a algunas de nuestras funciones cognitivas más complejas, las que nos permiten adaptar nuestro comportamiento a cualquier tipo de estímulo externo en un en-

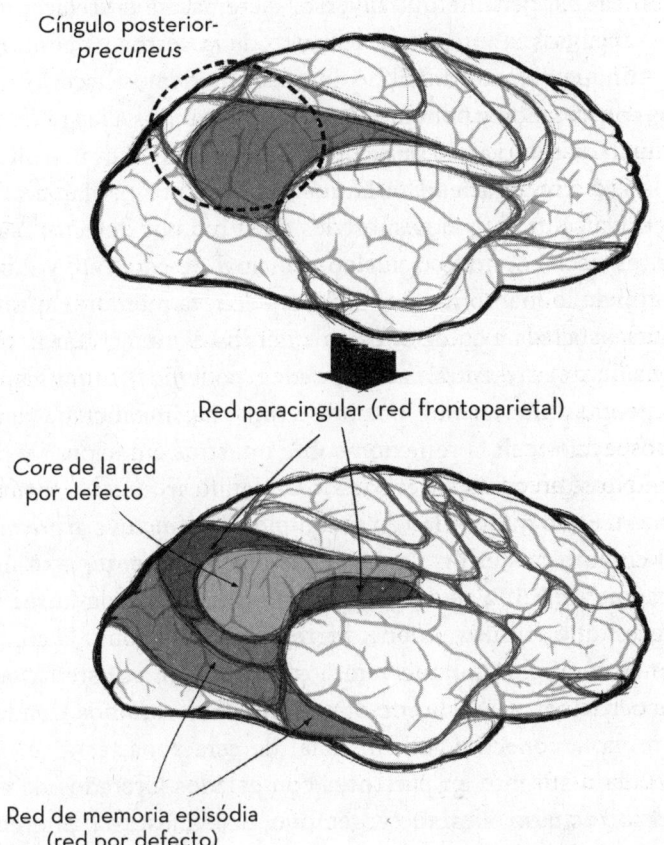

Figura 17. En lugar de ver al *precuneus* y al cíngulo posterior como una región cerebral «privilegiada» anatómicamente separada y llena de misterio (arriba), podemos entender mejor sus funciones si lo vemos desde una perspectiva de redes: es una región con una posición anatómica que es como una puerta que permitiría la sincronización y transmisión constante de información de tres redes diferentes.

torno que va cambiando cada segundo. Es como una encrucijada eléctrica que permite que diversos sistemas se entrelacen para que tengamos la visión que tenemos de nosotros y del mundo.

Aunque parezca difícil de entender, podemos hacerlo si vamos concretando y poniendo nombre y apellidos a las redes que circulan en torno al *precuneus*: 1) la red paracingular, una subred de la red frontoparietal (a la que también hemos llamado red ejecutiva central), y dos subredes de la red por defecto: 2.a) el *core*, es decir, el nodo o núcleo principal de esta red, y 2.b) la subred de la memoria episódica, es decir, la memoria autobiográfica asociada a emociones o recuerdos. Para facilitar la comprensión de este entramado de redes, podemos simplificar entendiendo que la red por defecto —la involucrada en la introspección, en la reflexión sobre nuestras emociones y pensamientos, en recordar el pasado o planificar nuestro futuro— tiene su nodo más crítico en el complejo que incluye al *precuneus* y al cíngulo posterior. De hecho, metabólicamente, este nodo consume un 35 % de la glucosa que consume toda la red por defecto, que asimismo tiene diferentes nodos, como la conjunción temporoparietal que veremos más adelante. Este hallazgo concuerda con el hecho de que en muchos estudios donde se examina la conectividad funcional de esta zona, esta se halla afectada o ausente en pacientes con estados alterados de conciencia, incluido el estado vegetativo, bajo anestesia, diferentes estados de sueño o inducidos con drogas psicodélicas como la ayahuasca o la psilocibina. Todo este tipo de alteraciones de la consciencia tienen relación con cambios en la conectividad o en la actividad del core de la red por defecto (que aquí la hemos nombrado como la subred 2.a).

Si vemos el *precuneus*-cíngulo posterior como una región estática y aislada, nos perdemos la comprensión de por qué esta zona del cerebro es, como mínimo, una de las que más curiosidad han despertado siempre. La integración que permite entre las diferentes redes que comentamos probablemente sea la razón por la cual aquí se codifica parte de nuestro yo. Quiénes somos. Esa continuidad física que sentimos (tenemos consciencia de cada una de las partes de nuestro cuerpo y las sentimos como un todo) y emocional (tenemos plena conciencia de que somos el fruto de cada una de las experiencias que hemos vivido). Pero concretamente en el cíngulo posterior, además, se codifica el procesamiento del ambiente externo que nos rodea. Pues es igual de importante la integración del yo que la adecuada interpretación del ambiente externo. Si aplicamos un estímulo eléctrico directo a ciertos puntos en esta región (de forma didáctica incluiremos tanto el *precuneus* como el cíngulo posterior), esta puerta multimodal podría cerrarse, generando un trastorno en la integración de información de las redes y la vivencia del tipo de experiencias que hasta ahora se han llamado «místicas» o «extracorpóreas».[1] Aunque no hay una definición clara y universal para este tipo de experiencias, podríamos definirlas como un episodio en el que se percibe al yo en un lugar espacialmente alejado del cuerpo físico.

Una de las razones por las que hemos tardado tanto en comprender esta región cerebral es que no suele ser una zona que se afecte por tumores u otro tipo de enfermedades. Gran parte del conocimiento sobre el cerebro humano viene derivado de estudios de pacientes que sufren una lesión o accidente en una región cerebral cuyas consecuencias se evalúan. Ahora, los avances en neuroimagen y la neurociencia de redes nos permiten inferir lo crucial de esta zona en cuanto a la integración funcional entre sistemas neurales. Nos ayudan a entender un poco mejor cómo funciona y por qué encontramos este tipo de respuestas durante la estimulación eléctrica.

En este libro hemos intentado evitar de forma clara la asociación de una función cerebral a una zona concreta del cerebro, pues sabemos que las regiones cerebrales no actúan aisladamente, sino de forma conjunta en forma de redes neurales o sistemas, como si fueran diferentes ciudades a lo largo de diferentes continentes que se encienden y se apagan de forma orquestada para llevar a cabo nuestras funciones cognitivas más complejas. Esto también es aplicable a la codificación del yo en nuestro cerebro. En el capítulo anterior, hablamos acerca de la ínsula y sus diversas funciones, y nombramos el concepto del yo. Y dijimos que volveríamos a ello. Aquí estamos. Es muy importante entender cómo el cerebro organiza algo tan complejo como el yo y el ambiente externo. ¿Cómo entenderíamos que la estimulación eléctrica directa de la ínsula posterior o de la conjunción temporoparietal (la zona donde el lóbulo temporal y parietal se unen, CTP) podría generar visiones extracorpóreas o experiencias similares? Porque todo está conectado. Si la CTP forma parte, también, de la red por defecto, un estímulo en esta zona podría desconectar toda la red y generar algo parecido a lo que hemos descrito. ¿Cómo, entonces, vamos a entender las funciones complejas del cerebro si no es como información eléctrica que circula a través de redes, cuya dinámica constante es variable entre pacientes?

Si empezamos a enlazar las piezas del puzle, encontramos que tanto la CTP como el *precuneus* y el cíngulo posterior son nodos importantes de la red por defecto, la encargada de la autopercepción. Quizás ahora podamos entender cómo el cerebro genera la sensación del yo. De hecho, la primera descripción de este tipo de experiencias fue en 1941, durante una cirugía despierta realizada por uno de los pioneros en esta técnica, Wilder Penfield, al estimular la conjunción temporoparietal. La paciente describió la sensación como si estuviera flotando lejos de sí misma. También podemos entender por qué es más probable que este tipo de experiencias se den más durante la estimulación eléctrica del *precuneus* que en otras zonas de la red por defecto (como la CTP que hemos nombrado), dado que casi un 40 % de la demanda metabólica de esta red recae en el *precuneus*-cíngulo posterior. Por eso decimos que es el *core*. Dicho todo esto... ¿cómo podemos entender el cerebro como un sistema en tres dimensiones estático?

Entender la función cerebral más allá de dónde está el tumor es necesario para comprender por qué un tumor que se creía inoperable puede serlo. Y creo que añadir dos variables más —neuroplasticidad a lo largo del tiempo y variabilidad entre individuos— nos puede ayudar. Como hemos visto a lo largo de este diario, hemos hecho cirugías en las que se habían denominado áreas elocuentes o cruciales para el funcionamiento cerebral (término que hemos intentado evitar porque creo que limita el conocimiento del cerebro como un todo) o inoperables en muchos casos, como la ínsula, el cíngulo, el área de Broca, el área de Wernicke, etcétera. Esto no ha sucedido porque tengamos grandes capacidades o algo mágico, sino simplemente porque quizás estamos yendo un poco más allá en entender cómo funciona el cerebro. Cuando comprendemos que hay una variable temporal en la que el cerebro es capaz de desplazar las funciones hacia fuera de la zona tumoral en muchas ocasiones, y además una gran variabilidad entre unos y otros pacientes... entendemos mejor que la localización del tumor, *per se,* no debe ser suficiente para tomar una decisión quirúrgica. ¿Por qué un tumor en la región *precuneus*-cíngulo posterior es operable si este complejo está involucrado en funciones tan importantes? Porque la neuroplasticidad, que es variable en cantidad y forma para cada cerebro, permite desplazar regiones críticas de las redes. Y esto solo lo podemos comprobar, al menos de forma exacta, a través de la cirugía despierta con estimulación eléctrica directa. Si hacemos una resonancia magnética funcional para analizar la activación de la región, nos dará una «nube» de activación en torno al *precuneus*, no hay ninguna duda. Es una región importante, es la cuna de la red por defecto. Pero la cirugía permite averiguar qué parte de esa nube de varios centímetros cúbicos se puede quitar y cuál no, con una precisión de milímetros. ¡Porque necesitamos precisión de milímetros! Y esto es lo que aprendemos de los casos de miles de pacientes de Duffau.

Pero, aun así, no hay ninguna duda de que la dificultad está en cuándo no operar. No tiene sentido, al menos ético, hacer una cirugía despierta a un paciente que ya tiene dificultades severas para el habla, el lenguaje o el reconocimiento emocional, y que está infiltrando los tractos profundos del cerebro, pues los daños serán irreparables. Pero en el caso de F., el tumor envolvía el *precuneus*, la parte más medial del lóbulo parietal, y el cíngulo posterior. Si hubiéramos pensado en tres dimensiones, de nuevo, el tumor sería inoperable. Pero al hacer toda una evaluación neuropsicológica vimos, como en muchas ocasiones, que el paciente estaba intacto o apenas tenía leves déficits en sus funciones cognitivas, y esto solo tiene sentido gracias a la plasticidad de nuestro conectoma. Por eso es VITAL tener en nuestro equipo a neuropsicólogos que puedan hacer una evaluación de todas las funciones cerebrales del paciente, hasta el comportamiento, la personalidad o la calidad de su vida íntima. Nos interesa todo. Porque esto nos da información sobre la neuroplasticidad que ya se puede haber producido en su cerebro, o, al contrario, si la velocidad de crecimiento del tumor ha superado la capacidad de adaptación de su conectoma. El *precuneus*-cíngulo posterior no es un punto-stop fijo, como sí lo es el IFOF. Hay que preguntarle al cerebro, con el paciente consciente, si podemos extraer esa parte o no. Hay que ir tocando puerta por puerta. En el caso mencionado en este capítulo pudimos ver que no había ningún tipo de problema a lo largo de todo el *precuneus*, solamente en la parte más posterior del cíngulo, probablemente porque la red por defecto no había hecho plasticidad suficiente y permanecía allí algún nodo de gran actividad. Esto generó los fenómenos de desrealización/despersonalización y de visión extracorpórea, como si transitoriamente se disociara el yo. No se trataba solo de la ilusión de que su cuerpo era como un «muñeco de madera», sino que había sentido que de alguna forma se había difuminado su percepción de sí mismo con el ambiente externo. Como si fueran lo mismo, pero permaneciendo de alguna forma su consciencia. Es decir, sentía una continuidad del yo. En ningún momento perdió la percepción de que él era algo. Y aunque resulta muy difícil de comprender para todos los que no lo hemos vivido, tiene sentido desde el punto de vista de la dinámica, en parte impredecible, de las redes neurales.

Una de las grandes dificultades de la neurooncología es que aún no entendemos el cerebro y no sabemos, en muchos casos, qué puede suceder si intervenimos un tumor que está afectando a una zona concreta. Son muchos los pacientes diagnosticados de un glioma de bajo grado a los que, por estar en una zona «elocuente», no se les propone una cirugía, siendo candidatos, por tanto, a una biopsia y quimioterapia o radioterapia, limitándose así la supervivencia. No podemos seguir pensando que Broca es lo que nos han contado. No porque yo quiera, sino porque hemos demostrado que hay que mirar más allá, hacia las redes. Este cambio de paradigma creo que es fundamental desde un punto de vista oncológico. De acuerdo con diversos estudios de referentes en el campo, como Hugues Duffau o Emmanuel Mandonnet, queda claro (y tangible, con números) que se debería operar lo antes posible para retrasar al máximo que ese glioma de bajo grado se transforme en un glioblastoma. Porque ahí ya no hay marcha atrás y la supervivencia es bastante limitada. Por lo tanto, tenemos que actuar a tiempo, antes de que sea tarde. Probablemente aún tenemos miedo del cerebro. Es absolutamente comprensible, pues desconocemos una gran cantidad de cosas. El cerebro es un animal indomable que va cambiando su organización a su antojo. Y ningún cirujano quiere arriesgarse a hacer daño a un paciente. Ninguno. Os lo aseguro.

Unas semanas después…

—¿Recuerdas la experiencia que tuviste dentro del quirófano? —le pregunté a Frédéric.

—Sí, perfectamente. El muñeco gigante de madera. Luego me di cuenta de que era un maniquí gigante de madera que había en mi casa cuando era pequeño. Pero sentí que yo estaba dentro. Como si fuera yo mismo.

—¿Y en ese momento eras plenamente consciente de lo que estaba sucediendo? Es decir, ¿sabías que eso no era la realidad?

—Sí. Y luego también. La segunda vez fue desagradable. Porque tuve la sensación de estar flotando en el quirófano fuera de mí, y de pronto ir a toda velocidad atravesando el suelo del quirófano, y abajo había otro igual, y otro, y otro… Viví esa sensación como si fueran quince o veinte minutos. Realmente duró tiempo. Yo lo sentí así.

—Realmente solo fueron cinco segundos de estímulo eléctrico.

CAPÍTULO 9

La importancia
de entender los límites

26 de octubre de 2023. Café Rivas, Buenos Aires. Mediodía

Daba un sorbo al primer café de la mañana escuchando una versión de Jacob Collier de «How Deep is your Love?». Suena el teléfono. Número desconocido. Descuelgo.

—Doctor, soy Magdalena. Hemos visto en la prensa que está aquí en la Argentina y que ayer operó a un paciente —me dijo una voz de mujer angustiada.

—Hola, sí, estoy por Buenos Aires hasta esta noche, que parto a España. Tengo mañana una conferencia en Alicante —le respondí.

—Necesito que vea a mi marido. Le han diagnosticado de un tumor cerebral inoperable. Por favor… —me pidió con una voz que solo rompía el alma de escucharla.

Silencio…

—Señora, no sé cómo hacerlo, no estoy en el hospital y me voy en unas horas, estoy en el Café Rivas.

—Somos de Rosario, pero vamos ya mismo, como sea.

—De acuerdo… De acuerdo… Podría verlos en el hotel donde me estoy hospedando.

La experiencia en Argentina había sido demasiado intensa. Nunca había volado tan lejos. Por un momento se me olvidaron las doce horas que me faltaban aún para llegar a Madrid, y el vuelo Madrid-Alicante sin apenas descanso para dar una charla ante quinientas personas en el Congreso Nacional de Estudiantes de

Medicina. Pero aprovecharía para allí ver a mis padres. El ritmo era tal que los únicos momentos para verlos y compartir tiempo con ellos era que me visitaran cuando daba conferencias en España. No me daba tiempo a pensar en lo surrealista que era llevar unas horas en Buenos Aires y que, de pronto, alguien tuviera mi teléfono y me llamara desesperadamente. Pero no podía hacer otra cosa que atender a aquella mujer. Lo de separar el trabajo de la vida personal es algo que no sé hacer; la gente de mi alrededor lo sabe. La noticia de lo que habíamos hecho en un hospital público de Argentina —la primera vez que en Sudamérica se hacía un mapeo del procesamiento y reconocimiento emocional durante una cirugía despierta, y además en el hemisferio izquierdo (reservado hasta entonces para el lenguaje y el movimiento)— se disparó por todos los noticieros. Lejos de alegrarme, me trajo recuerdos de febrero y marzo… La exposición mediática tiene tantas cosas positivas como negativas. Pero de verdad que hay muchas negativas. De pronto tu imagen es susceptible a que cualquiera pueda opinar. Y para eso hace falta estar curtido. Porque «ladran, Sancho, señal que cabalgamos» solo es aplicable cuando le das el consejo a otro… Cuando salí de aquel café, continué caminando para respirar el poco aire que pude de aquella ciudad, y escuchando mientras en mis auriculares a Salvador Sobral, de camino hacia el Ateneo. Por algún motivo me desvié y fui sin rumbo, sin mirar el GPS. A menos de media hora de aquel café de estilo parisino pude ver la cantidad de contrastes en esta ciudad: edificios gigantes y lujosos en un lado, hambre y escasez en el otro. Me adentré allí. Seguí sin rumbo fijo. Todo estaba revuelto. Unos días atrás habían sido las elecciones generales. Era increíble la cantidad de murales y grafitis con la figura de Diego Armando Maradona. Unos doscientos metros más adelante, había unos chicos jugando a la pelota con camisetas de Messi, Pelé, con dos mochilas a modo de postes de una portería y un balón de cuero de los de antes; señoras mayores en las puertas de las casas tomando café y escuchando la radio a todo volumen... De pronto oí:

—¡¡Martín, Martín!!

Seguí caminando. Me parecía imposible que alguien me reconociera en Buenos Aires, y menos aún que me llamaran por mi apellido. Pero insistían, y me di la vuelta. Saludé tímidamente y me acerqué hasta aquellas señoras de aspecto entrañable.

—Gracias por venir a Buenos Aires. Gracias por ayudarnos. Hace un rato le estábamos escuchando en la radio en su entrevista con Gisela, aquí la seguimos mucho. Tenemos en un CD tu entrevista con Jordi Wild en el pódcast *The Wild Project*. Mis hijos son fanáticos. No tenemos internet, pero con un CD vamos grabando cosas para que toda la gente de nuestro barrio acceda a aquello a lo que no puede. Nos lo vamos pasando unos a otros. Mi hijo Marcelo, que está allá jugando a la pelota, ahora quiere ser neurocirujano como vos —me dijo una de las señoras—. Que Dios le bendiga. —La señora me besó las manos.

—Por favor, señora, gracias, pero para mí es un placer poder venir a ayudar —le dije, lleno de vergüenza.

—Usted llegará lejos, nadie hizo algo así desde el Che Guevara. No se vaya de la Argentina.

«¿Esto está pasando?», me pregunté a mil por hora dentro de mi cabeza. Venía del otro lado del mundo.

Confieso que en ese momento sentí una emoción que me comprimió el pecho, y a la vez un síndrome del impostor acongojante. Es difícil recibir buenas palabras cuando sabes que son exageradas, pues solo has empezado el camino y te queda demasiado por aprender. Era como si no me hablase a mí. No sé. Por otro lado, no estaba seguro de que una comparación con el Che Guevara fuera positiva. Ni de lejos. Lo único que me gustó de la historia del Che fue aquel inicio de un joven que recorrió toda Latinoamérica, con sed de saber y de preocuparse por aquella sociedad. Del resto prefiero ni hablar, todos sabemos o creemos saber en lo que se convirtió aquel personaje. Pero confieso que escuchar ese nombre me trajo recuerdos de *Diarios de motocicleta*, y mi tendencia a admirar a alguien que sale de su cómoda casa con La Poderosa a recorrer Latinoamérica para conocer la sociedad y, hasta que se demuestre lo contrario, hacer el bien. Esa película, donde está claro que se mitifica al personaje en pro del cine, así como la canción «Al otro lado del río», de Jorge Drexler, reflejan a la perfección cómo siento mi vida en este momento. Una necesidad imperiosa de ir hasta el otro lado, de ser lo suficientemente valiente para ir en contra de acatar las normas preestablecidas. Nunca nos enseñan a dudar de las cosas, a vivir desde la creatividad. Estamos en la sociedad del silencio. A mí solo me interesa ayudar, como pueda, a quien lo necesite. Ya sea escribiendo una sinfonía, o investigando para mejorar la calidad de vida de los pacientes. Por lo tanto, no me hago responsable de la segunda parte de la vida de Ernesto Guevara, primero porque no tengo suficientes conocimientos para hacerlo, segundo porque no es el motivo de este libro, y tercero porque al margen de la curiosidad que me genera entender cómo el poder puede transformar y destruir la mente del ser humano, va contra todos y cada uno de mis ideales hacer apología de alguien que se crea en poder de decidir, con un fusil, quién debe vivir y quién no. Por desgracia, este es otro ejemplo de cómo afectan la experiencia y el paso del tiempo al cerebro, al conectoma humano. ¿Neuroplasticidad? Sí.

Terminé de dar un paseo por la linda Buenos Aires, reflexionando sobre todo lo que estaba sucediendo ese año. Le compré una camiseta del Boca Juniors a mi padre, hice una videollamada con él y mi madre, y me fui hacia el hotel, en Recoleta. Cuatro horas más tarde, allí estaba Magdalena, tras haber venido desde Rosario con su marido. Vi en el *hall* a una mujer de pelo rizado castaño que desprendía desde lejos la desesperación de la incertidumbre, del miedo. A su lado, un hombre aparentemente cabizbajo y que presentaba cierta lentitud al caminar. Me acerqué a ambos y ella se abalanzó a abrazarme. Lo sentí tan real que automáticamente me salió darle un abrazo muy fuerte, y otro a él. Sé lo que es vivir algo así de cerca y me hubiera gustado que algún médico me diera un abrazo. A veces nos olvidamos de la distancia que generamos cuando nos ponemos una bata y una mesa de por medio.

Caminamos hasta una de las salas del hotel que horas antes había solicitado. Tenía un ordenador para poder ver el CD de la resonancia magnética. Nos sentamos los tres. Y ella comenzó a contarme su historia.

—Hace tres meses que Juan comenzó a tener síntomas extraños. Como si no fuera él —explicó con la voz vacía, exhausta, sin energía—. Sentí que, de pronto, comenzaba a desconfiar de mí y trataba a nuestros hijos con cierta distancia, como si le quisiéramos hacer daño o como si le molestáramos todo el tiempo. Acudimos a nuestro médico de familia y nos derivaron al psiquiatra. Cuando fuimos a visitarle, nos comentó que podría ser una depresión mayor, un trastorno de ansiedad o un trastorno reactivo a raíz de haber perdido a uno de nuestros hijos el año pasado a causa de una leucemia.

En ese momento se me encogió el estómago, y sentí ese nudo ansioso en la garganta que se me ponía cuando era pequeño y algo me abrumaba. Después de aquella frase no sabía cómo mirarlos. No lo sabía. Sentía demasiado dolor. No estaba preparado para escuchar aquella historia. En dos segundos se me pasó de todo por la cabeza. Me dio tiempo a ponerme en su lugar, a ponerlos en el lugar de mis padres, a ponerme en el lugar de su hijo… Realmente doloroso. Solo quería escuchar la historia y rezaba para ver las imágenes y creer que el caso tenía algún tipo de solución. De hecho, aún me tiemblan las manos al escribir estas líneas. Qué volátil es todo. Qué aleatoria parece la vida y con qué facilidad nos cambia para bien y para mal.

—Así que le recetó una pastilla para dormir y un antidepresivo por la mañana durante tres meses y nos citó para revisión.

Pero unas semanas más tarde, Juan me dijo que estaba viendo cosas extrañas. No me quería contar exactamente el qué, pero un compañero suyo del trabajo me llamó para contarme que estaba aislándose y que no quería hablar con el resto de sus compañeros. Juan siempre ha sido una persona extrovertida, simpática, y le encanta hablar. Es además una persona de fe. Los dos lo somos.

»El detonante de todo fue hace diez días. Por la mañana, estábamos tomando algo en el jardín y me dijo: "Llevo días viendo a Lucio". Y yo le pregunté: "¿Qué quieres decir, Juan?". "Sí, veo a Lucio a nuestro lado. Y cuando me hablan algunas personas, sé que quien me está hablando es él, de hecho, escucho su voz en lugar de la de quien me habla."

»Doctor, ahí me asusté. Me asusté demasiado. Algo más tarde me llamó otro compañero del trabajo diciéndome que Juan estaba viendo personas, y que querían llamarme para comentarme que no estaba bien, que algo le ocurría. Así que hablé con una amiga nuestra que es enfermera, y nos alertó de que podía haber algo más. Nos sugirió hacerle una resonancia magnética cerebral por si estaba ocurriendo algo que no sabíamos. La hicimos hace algunos días. Pagamos un centro privado para poder realizarla con premura, con todo tipo de análisis posibles. Hemos sacado el dinero de nuestros ahorros, ya sabe cómo está el país y lo difícil que está la cosa acá. Aquí tiene el CD y el informe, doctor. El radiólogo nos dijo que tenía mal aspecto. Ilumínenos, por favor. Denos algo de luz.

Abrí el sobre de la resonancia magnética y leí el informe: «Lesión voluminosa parietotemporal infiltrando zonas profundas con captación de contraste». Seguidamente metí el CD y esperé a que arrancara el *software* de visualización de imágenes. De nuevo, no sabía cómo mirarlos. No sabía qué cara les estaba mostrando, pero estaba sufriendo por dentro. Me llamaba la atención que Juan no hubiera dicho ni una sola palabra. Solo me miraba, con la mirada perdida. Tras un silencio de dos minutos, pude ver la resonancia magnética. Era un tumor de más de 3 × 3 centímetros que englobaba el lóbulo parietal y temporal derechos, con infiltración del IFOF y compresión de la vía visual. Además, tenía otra lesión en el cuerpo calloso en el otro lado de unos 2 centímetros. Vi que también tenía hecho un estudio de resting-state fMRI (un estudio del funcionamiento cerebral en reposo para ver las redes o sistemas neurales por separado), pero no presté atención, me parecía irrelevante en ese momento.

Entrelacé las manos y los miré para contarles lo que estaba viendo. Al abrir la boca Juan me detuvo.

—Sé que usted me puede operar, doctor, usted está acompañado —me dijo mirándome con fuerza.

—Gracias por la confianza, Juan, de todo corazón, pero vamos a hablar tranquilamente y a discutir qué es lo que se ve en la resonancia. Tranquilo.

—Veo que le acompaña alguien. Es su tío, le está sonriendo. Sí, es del que habla en las entrevistas y que le hizo hacer lo que está haciendo ahora. Él le acompaña con su guitarra. Por eso puede ayudarme. También nos han dicho que un cirujano en Estados Unidos me podría operar, pero no tenemos el dinero. Y aunque lo tuviéramos, yo quiero que me opere usted. Si algo tiene que salir mal, que sea en sus manos.

Sentí la sensación más extraña que nunca había experimentado. En este papel de dos dimensiones no me da para hacerles sentir lo que viví en ese momento. No hablo de miedo ni de angustia: hablo del dolor que me causaba saber lo que le iba a decir. Ni siquiera me impresionaron en ese momento las alucinaciones visuales que me estaba relatando. Tampoco lo surrealista de ir a otro lado del mundo y que la gente supiera mi historia. Con ese grado de detalle. Tomé aire, me quité las gafas y le cogí de la mano.

—Juan, tienes que escucharme un momento —le dije, nervioso—. El tumor tiene un tamaño importante y parece agresivo, está en varias zonas diferentes y profundas.

—Pero me dijo el radiólogo que está lejos de la zona del lenguaje.

—Escúchame, Juan. La lesión es grande, está infiltrando los cables profundos del cerebro y va creciendo, aparentemente a gran velocidad. No es cuestión de operar y ya está. Yo no puedo prometerte que pueda salvarte. No puedo. Ojalá pudiera. Lo haría encantado. Cambiaría el pasaje y te operaría en el hospital que me lo permitiera, con el corazón en la mano te lo digo. Pero una vez que el tumor está infiltrando tractos profundos e incluso zonas más primitivas como el mesencéfalo, solo puedo empeorarte con la cirugía. Podría operarte, pero no tendrías calidad de vida. Al final es tu decisión, pero sé que no te recuperarías tras la cirugía como para disfrutar de tus hijos y tu mujer. Y solo podría quitar un 30 o 40 % de la enfermedad, Juan.

—Pero si usted ha operado casos inoperables, ha aprendido del profesor Hugues Duffau. Quiero disfrutar de nuestros hijos, aunque Lucio ya no esté.

Mi corazón era un puño. Solo quería llorar. Magdalena me miraba, sin decir nada, y abrazaba a Juan. Yo solo quería que me tragara la tierra o encontrar la inspiración divina para saber qué decir y qué hacer. Qué frustrante es saber que no puedo ayudar a alguien. Que no puedo hacer magia, aunque fuera por un segundo.

—Doctor, estamos dispuestos a pagar lo que sea, a vender nuestra casa, no quiero rendirme —me dijo ella.

—Magdalena, confíe en mí. Nosotros no operamos por dinero. Vamos por el mundo sin pedir nada a cambio. Esta es nuestra vida, y lo seguirá siendo. No es dinero. Es que sé que no tiene sentido hacer la cirugía porque el tumor ha sobrepasado la capacidad del cerebro de repararse. No podré preservar su calidad de vida. No voy a poder quitar una cantidad de tumor que le suponga un aumento en el tiempo de vida y, además, le voy a empeorar mucho. El tumor está infiltrando las zonas más críticas de su cerebro. Lo mejor es que lo valore un oncólogo y diga si es candidato a quimioterapia o radioterapia como tratamiento alternativo. Debe ser valorado por un comité de expertos, yo solo puedo daros mi opinión. Y no tengo la verdad absoluta.

—Si no voy a poder disfrutar de lo que me quede, no quiero ningún tratamiento, doctor —me dijo Juan.

Les cogí las manos a ambos. Y tras un silencio de minutos, les dije:

—Lo siento. Siento no poder ser quien los ayude. Siento no poder darles la luz que necesitan. Por favor, consulten también con otros expertos. Pero no vendan la casa para una cirugía que no va a preservar la calidad de vida. Decidan con varios oncólogos cuál es el mejor tratamiento y disfruten del amor. Disfruten de ustedes y de sus hijos. Eso es lo que importa.

Aquello fue duro y significó muchas cosas para mí. Estaba seguro de lo que les decía, y solo me daba lástima que se pudieran llegar a quedar sin casa por una cirugía que no tenía sentido llevar a cabo. Duffau me había dicho más de una vez: «Cuando entiendas la neuroplasticidad y sus límites, sabrás cuándo no operar. No puedes restablecer un cerebro que ya tiene afectados los tractos que mantienen conectadas las redes neurales». Era mi deber darles lo mejor de mí. Y en este caso, eso pasaba por no operar. El tumor captaba contraste, estaba bastante claro que se trataba de un glioblastoma multicéntrico (con varios focos tumorales), infiltrando el IFOF, el fascículo uncinado, y comprimía la vía visual y otras zonas más primitivas.

Había aprendido de otras ocasiones en las que había sentido que podía operar algo inoperable. Y no. He aprendido de mis errores. No hay milagros. Los límites de lo que es operable están en entender los límites de la neuroplasticidad, o, dicho de otra forma, de la capacidad del cerebro para reprogramarse o reconfigurarse ante un daño. Si un tumor tiene aspecto agresivo y el paciente ya presenta grandes alteraciones en las funciones mentales, es SEGURO que hay afectación de las carreteras profundas.

Y como sabemos, si cortamos esas carreteras… no hay nada más que hacer para recuperar la calidad de vida. Y el paciente tiene que ser partícipe de esto. Tiene que saberlo y poder decidir con toda la información. Toda la orquesta de redes o sistemas neurales se distorsionaría aún más de lo que ya estaba. A veces pensamos que por mucho que hayamos estudiado, podemos retar al cerebro. Pero no. Él siempre gana. Es así. Aunque… va en contra de nuestros valores como seres humanos el tener que decir «no puedo operarte, no puedo salvarte». Es muy duro.

Los acompañé un largo rato y nos contamos la vida. Por un momento relativizamos, por alguna especie de sintonía o conexión que no podría describir. Siempre hay algo de las personas que hace resonancia en nosotros. Los abracé a la entrada del hotel y se marcharon. Sé que mantendría el contacto con ellos desde el otro lado y que les ayudaría en lo que pudiera. Pero esta es una de esas historias que cambian a uno para siempre, por eso quiero dejarla escrita y compartirla con vosotros. Duele. Duele fuerte. Lo siento.

Me pregunto cuánto nos quedará a la humanidad sufriendo de esta enfermedad. Los tumores cerebrales son muy diversos, hay muchos tipos. Pero los más agresivos siguen siendo como la hidra de Hércules. Siempre vuelven. Es como luchar contra un gigante. Por eso creo que es importante que como neurocirujanos entendamos que no podemos dedicarnos a todos los campos de la neurocirugía. La figura del neurocirujano general debe desaparecer. Que sea solo un subcampo para intentar hacer las cosas lo mejor posible. Honestamente, si no me hubiera centrado este tiempo en dejarlo todo e irme a Montpellier, no habría tenido la seguridad de por qué no operar este tumor era la única opción. Si no me hubiera formado con Duffau, no podría estar seguro del todo de la decisión que estaba tomando. Porque comenzaba a entender algunas cosas. Esas que están en su cabeza y que no están en los *papers*.

Después de haber analizado las imágenes del tumor de nuevo y la resonancia magnética funcional que me daba información sobre la localización del mismo y el estado de las redes neurales, hice, como habitualmente, el análisis de redes y tractos profundos mediante lesion-symptom mapping. Normalmente usaba el Lesion Quantification Toolkit y el MATLAB (por si estas hojas caen en manos de algunos curiosos). Esto me permitía saber exactamente qué tracto profundo se desconectaba de acuerdo con la lesión tumoral que vemos en la resonancia, y así entender si esa desconexión se correlacionaba con los síntomas. La vía visual no parecía infiltrada por el tumor, pero sí desplazada, lo cual tenía que ver con que Juan no tuviera un defecto en la visión, pero sí alteración del «contenido» de lo que veía. Pero el tumor parecía engullir literalmente el IFOF. Ya hemos visto a lo largo de estas páginas la importancia de las carreteras profundas del cerebro, y el IFOF es probable que haya aparecido en casi todos los capítulos de este diario. Esta carretera profunda parece ser una fuente inagotable de información acerca del funcionamiento cerebral, y cada vez le vamos asociando más roles: emociones, semántica, lenguaje... Respecto al análisis de redes o sistemas neurales, aparecía algo curioso que de alguna forma nos explicaba las alucinaciones visuales severas, un síntoma no demasiado frecuente en los tumores, más típico en enfermedades psiquiátricas como la esquizofrenia paranoide. La red por defecto (red de la autoevaluación y el *insight*, del yo), y su relación con la red frontoparietal (la que nos permite enfocar la atención en una tarea concreta) y la red sensoriomotora (la que procesa la información relacionada con la sensibilidad corporal y del movimiento) aparecían con una conectividad distorsionada, tanto dentro de cada una de ellas (recordemos que una red es un conjunto de regiones diferentes sincronizadas) como entre ellas, con una tremenda disminución de la conectividad cerebral. No solo la información que se transmitían entre redes era errónea, sino que, además, el flujo de información estaba considerablemente disminuido.

Esto era esperable por la desconexión que causa la infiltración de los tractos profundos, sobre todo el IFOF, que va desde el lóbulo occipital hasta el frontal dando «alimento eléctrico» a cada una de las redes. Por otro lado, también se percibía una casi nula integración entre la red visual y la red auditiva con la red por defecto. Normalmente, como hemos hablado, todas las redes neurales deben estar orquestadas para que nuestra mente funcione de forma adecuada, permitiendo la integración de cada uno de los sistemas. Por ejemplo, cuando hacemos una tarea y nos enfocamos en ella, la red visual se activa, así como la red frontoparietal, y de forma orquestada se «desactiva» la red por defecto, que se encarga, como hemos dicho, de mirar hacia dentro, de reflexionar acerca de nuestras emociones o de cómo nos sentimos. Y no podemos hacer una tarea perfectamente si estamos centrados en cómo nos sentimos o en divagar sobre el futuro (red por defecto). Por lo tanto, todo es cuestión de equilibrio. En el cerebro de Juan, la conectividad entre la vía visual y la red por defecto era completamente anómala, lo cual podría explicar que se mezclaran erróneamente la información visual que le llegaba del exterior respecto a su yo, haciéndole incapaz de diferenciar el yo de la realidad exterior que le rodeaba. Coloquialmente hablando, estaban desconectadas estas informaciones recogidas por cada red, que por lo general está perfectamente integrada y orquestada para que sintamos el mundo tal como lo vemos, de forma congruente (Figura 18). De forma que lo que vemos es lo que realmente está sucediendo.

Esto estaría en la línea de la «hipótesis de desconexión» que nace de la neurociencia de redes y que propone que los síntomas de la esquizofrenia (como los que «simula» este tumor) surgen de la anómala transmisión de información entre las diferentes redes neurales. Juan sufría una clara escisión entre la realidad exterior

Persona sana

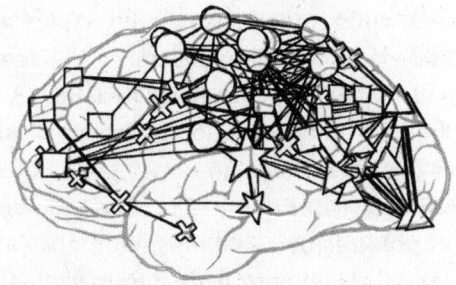

Paciente

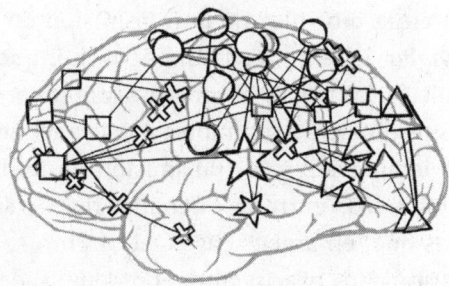

Figura 18. En esta imagen podemos ver cómo se vería la conectividad entre las redes neurales: arriba, un ejemplo de un cerebro sano, y abajo, el de un paciente. En ambas imágenes, cada punto (representado por una figura geométrica) representa los nodos o regiones cruciales de cada red. Las líneas entre puntos representan la conexión dentro de la propia red o entre diferentes redes. A mayor grosor, mayor conectividad. Se puede apreciar cómo en el paciente hay una clara alteración en la conectividad entre redes, así como dentro de cada red: hay menos líneas y tienen menor grosor.

y la interior. De hecho, si no se hubiera hecho una resonancia magnética cerebral, podría haber sido diagnosticado de esquizofrenia paranoide.

Por lo tanto, parece claro que hay algo que tienen en común el trastorno mental y los tumores cerebrales: cómo se distorsiona la transmisión de la información eléctrica a lo largo del cerebro, es decir, la conectividad entre las redes neurales. A pesar de que en la esquizofrenia o en la depresión no hay una lesión estructural del cerebro (a diferencia de un tumor), o lo que es lo mismo, no hay un elemento visible que esté produciendo una lesión, por ejemplo, de varios tractos profundos, en ambas enfermedades está alterado el procesamiento de la información a través de las redes neurales. Si continuamos pensando de forma regional, fija y localizacionista, no podremos avanzar hacia un conocimiento más centrado en la dinámica de la transmisión de información entre sistemas. Por lo tanto, podríamos concluir que: las anomalías en la cognición humana y el comportamiento producidas por enfermedades psiquiátricas y tumores parecen tener similitudes, al nivel de la integración y la transmisión de información, así como metaestabilidad,[1] entre las diferentes redes o sistemas neurales. Digamos que, en ambos casos, el cerebro se aleja de ese estado de «criticalidad» exacto entre el orden y el desorden en el que se tiene que encontrar nuestro sistema nervioso para que la transmisión de información sea eficiente. Ese equilibrio que se debe dar entre una bandada de pájaros en los que unos están en pleno vuelo y otros en pleno reposo, permitiendo un estado de orden eficiente en el que se pueda transmitir la información adecuadamente. No obstante, es importante tener en cuenta que de un solo paciente no podemos sacar conclusiones generales, ni al contrario. Sabemos que cada cerebro es un mundo diferente respecto a la dinámica de las redes.

Creo que visibilizar y llevar por todo el mundo la cirugía despierta puede realmente abrir puertas no solo respecto a los tumores cerebrales —mediante una cirugía a la carta que trate de prevenir trastornos de la emoción y la cognición que afecten directamente a la salud mental, como ya hemos comentado—, sino también a abrir nuevas puertas en la investigación de la prevención o, en el mejor de los casos, la cura o el alivio de la enfermedad mental. Lo pienso fehacientemente porque a través de la cirugía despierta, a la vez que maximizamos la resección del tumor (cuando está indicado) y preservamos la calidad de vida al máximo posible, estamos preguntándole en vivo a la mente humana qué sucede, y obteniendo un dato exacto localizado en el espacio (coordenadas) de cuáles son las regiones críticas de esas interacciones entre redes. Esta información no nos la da ningún otro estudio ni otra técnica. La estimulación eléctrica directa mientras el paciente está consciente es la única forma de vencer la paradoja de la no localidad de las funciones cognitivas más complejas de nuestra mente. Solo ese estímulo eléctrico nos da la llave de la puerta a través de la cual circula la información en esa red o red de redes. La resonancia magnética o la electroencefalografía no nos dan información tan detallada de cuáles son las regiones críticas para una función. Debemos entender que la investigación debe ir hacia el conocimiento de las redes o sistemas y cómo se relacionan entre ellas, así como hacia comprender el funcionamiento de la neuroplasticidad. De hecho, hay una creciente evidencia (aunque aún pendiente de crecer) sobre cómo la transmisión de información dentro de cada red, así como entre las diferentes redes, está distorsionada de un sinfín de formas en trastornos mentales graves como la esquizofrenia, el trastorno por estrés postraumático o la depresión, haciendo hincapié en las tres redes «de alto orden» de las que hemos hablado a lo largo de este diario: red frontoparietal, red de saliencia y red por defecto.[2] Empezamos a tener datos para decir que estas tres redes, generando cuasiinfinitas y constantes transiciones en cuestión de segundos, son capaces de dar lugar a la cognición humana, nuestra mente, nuestra capacidad para dirigir una infinidad de posibles comportamientos a nuestro antojo: desde crear arte, crear algo que no existía previamente, hasta reflexionar sobre si este mundo es real o no. Y es que probablemente esto sea lo único que nos diferencia del resto de especies vivas: el saber que sabemos, de ahí *Homo sapiens sapiens*.

Viene a la mente aquella primera clase de Psiquiatría, en cuarto año de Medicina, cuando nos hablaron por primera vez del trastorno mental, de la enfermedad de la mente humana. Fue el doctor Pulido.

—¿Qué es la mente? —preguntó sin aparentemente esperar respuesta alguna, mirando por encima de sus gafas con una mirada que intimidaba.

Silencio...

—El conjunto de funciones cerebrales superiores —contesté con miedo.

—¿Y eso qué significa? —me preguntó con seriedad penetrante.

—Memoria, atención, funciones ejecutivas, emociones... ¿no? —respondí rápidamente.

—Dígamelo usted, que para eso se lo pregunto...

—Creo que sí —le dije titubeando, pero a la vez seguro.

—¿Y crees que nace de la masa cerebral? ¿Qué todo está en el cerebro? ¿Que la bioquímica explica la enfermedad de la mente?

—Sí... Creo que la mente es un ente no abstracto que surge de infinitas conexiones neuronales que se reconfiguran constantemente para adaptarse al medio —contesté.

Era 2014. No había pasado tanto tiempo desde que la neurociencia de redes comenzaba a emerger a través el estudio del cerebro como un sistema eléctrico complejo. No tenía gran idea, llevaba apenas cuatro años estudiando el cuerpo humano. Pero amaba leer artículos científicos sobre este campo, incluso antes de entrar en la carrera de Medicina.

—Si la mente está en el cerebro... ¿por qué un paciente con esquizofrenia no tiene alteraciones en su anatomía cerebral respecto a cualquier persona sana? ¿No será que la enfermedad mental surge, más allá de la biología, de su relación con el inconsciente, con sus deseos reprimidos, sus traumas de la infancia o su incapacidad para adaptarse al medio que le rodea? ¿O es que cambiando el cerebro y «quitando» un trozo de masa cerebral puede solucionarse?

Era complejo responder a aquello. No lo sería tanto ahora. Pero en aquel momento sí. De hecho, no dije nada. Aunque sabía que, sin duda, toda función mental debía nacer de los elementos neurales, no tenía ni idea de cómo llevarle la contraria. Pero le conté que pensaba que el cerebro podría funcionar según la teoría general de los sistemas complejos, donde este sería un sistema eléctrico complejo formado por elementos independientes, y sus funciones complejas nacerían de las infinitas posibles interacciones entre esos elementos, dando lugar a un «todo».

Me acordaba de esta clase de Psiquiatría porque unas semanas antes había viajado a Tenerife a dar una conferencia en un congreso de Neuropsiquiatría. Llegué, como siempre, atropellado y apenas sin saber a qué lugar iba. Llegaba un día y me iba el otro. Cuando ya estaba en el escenario y alcé la cabeza, vi en la primera fila al doctor Pulido. Era lo último que esperaba. Tanto tiempo después. Un nuevo círculo parecía cerrarse. Imagínense lo que pensé cuando lo vi allí. Un psiquiatra que ha basado su gran trayectoria en el psicoanálisis y la terapia psicodinámica, enfocado en algo que para mí era demasiado abstracto: el inconsciente. Yo veo la mente de otra forma. En forma de ondas, redes y números. Tangible. Aquella conferencia trataba de la necesidad de entender un principio básico de la neurociencia moderna: que la función mental surge de la interacción entre diferentes componentes y no de una región concreta. Hablé de que era preciso entender que las funciones cerebrales son todas diferentes. Por un lado, están las funciones más simples o modulares (por eso de que son algo más «localizables») y que dependen de unas pocas redes que están únicamente especializadas en eso: la red sensitivo-motora (sensibilidad corporal y movimiento); aquello solo era cuestión de un input (entra información) y un output (sale información). Y ya está. Luego hay otras funciones algo más complejas, como la que lleva la red de mentalizing (leer la emoción en el rostro de otra persona), que tienen redes parcialmente especializadas, es decir, que algunas de las regiones que forman esa red pueden estar implicadas también en otras funciones, por eso ya es algo más difícil localizarla. Por último, ese grupo de funciones cognitivas muy complejas: emociones, semántica, metacognición y percepción de uno mismo, memoria… que lejos de tener una red especializada para ellas, creemos que dependen de estados transitorios que se crean como fruto de la interacción de diversas redes. Es decir, que se crean redes «nuevas» a modo de estados transitorios a partir de la interacción entre otras redes ya existentes: a esto lo llamamos metarredes (Figura 3).[3] Estas nos permiten adaptarnos a cada objetivo o a cada problema que va surgiendo. Aunque el término metarredes parece complejo, y aún estamos en proceso de conocerlo mejor y demostrarlo en el plano eléctrico, tiene sentido que esto sea así desde la teórica de los sistemas complejos, como pueden ser el universo o el cerebro humano: un sistema no es solo los elementos que lo conforman, sino las infinitas interacciones que surgen de la interacción entre ellos.

Cuando terminé la conferencia, Nayra Caballero, neuropsicóloga y organizadora de aquel evento, abrió el turno de preguntas. Vi cómo el doctor Pulido alzaba la mano. Vinieron a mí todos aquellos recuerdos de cuarto de Medicina.

—Creo que el término de «metarred» y el modelo que propones de cinco dimensiones, que desconocía, me ha hecho pensar que quizás un psiquiatra psicodinámico y un neurocirujano que opera el cerebro desde la visión de la neurociencia no difieren tanto tratando de responder a la siguiente pregunta... ¿dónde está la mente humana? ¿Qué le dices tú a los estudiantes, ahora que tienes tanta responsabilidad por la gente que te escucha y te tiene como referente? Ya nada es baladí en lo que digas en cada foro científico... ¿Dónde está la mente humana?

Se acordaba... Se acordaba de que aquella era la primera pregunta que me había hecho. Me hacía una ilusión increíble. Me emocionó ver y escuchar al doctor Pulido después de tanto tiempo. Habían pasado ocho o nueve años, pero aún se acordaba de nuestras conversaciones. Además, estaba sentado justo al lado de mis padres.

—Les digo que la mente humana no tiene un lugar definido. No tiene unas coordenadas x, y, z donde localizarla. Es fruto de la interacción dinámica de información nerviosa que viaja en todas las direcciones. La mente no está en la corteza prefrontal como nos dijeron con Phineas Gage al atravesarle un hierro la base del cráneo y el lóbulo frontal —contesté.

—Entonces ¿cómo explicarías a los estudiantes y a los profesionales aquí presentes el trastorno del comportamiento que sufrió Phineas Gage?

—Por la desconexión de los tractos profundos y de las redes neurales cruciales en la emoción y la toma de decisiones, y no por lesionar el córtex prefrontal. Si se lesiona el fascículo uncinado, la red de saliencia que nos permite integrar las sensaciones, emociones y estímulos externos para tomar decisiones queda desconectada (Figura 19). Necesitamos pasar del paradigma del localizacionismo a entender las funciones como interacción entre regiones —le respondí casi sin reflexionar—. Es obvio. Por lo tanto, el trastorno de Phineas Gage podría haberse dado por una lesión en muchas otras regiones del cerebro más allá del lóbulo frontal, que afectaran, por ejemplo, a la red de saliencia.

—Esto supone un cambio muy grande en lo que hemos entendido sobre la anatomía del sistema nervioso. ¿Cómo explicas en-

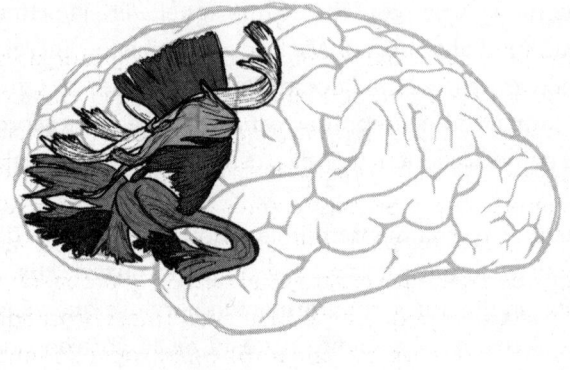

■ Frontal Aslant Tract
■ Fascículo uncinado
□ Fascículo frontal superior longitudinal
▨ Fascículo frontal inferior longitudinal
■ Fascículo frontal orbitopolar

Figura 19. Thiebaut de Schotten analizó *post mortem* la desconexión que produjo el paso de la barra de explosivos a través del cráneo de Phineas Gage, quien, a pesar de sobrevivir al accidente, modificó toda su conducta. En este estudio[4] se analiza cómo los trastornos producidos no son fruto de la lesión del córtex prefrontal, sino realmente de la desconexión producida por la lesión de los tractos profundos de sustancia blanca que mostramos en esta imagen, especialmente, el fascículo uncinado.

tonces a alguien que ve la mente como algo que poco o nada tiene que ver con el cerebro, que un trastorno mental se puede presentar tanto en un cerebro visiblemente lesionado como en uno «intacto» desde un punto de vista de estructura? Y por otro lado… ¿Podrías desgranarme el término que has comentado de metaestabilidad?

—Somos electricidad. Somos electricidad autoorganizada con dos premisas: constante dinámica y variabilidad entre cerebros. Es cierto que seguimos sin entender cómo esa electricidad bien orquestada es capaz de generar la mente, pero empezamos a entender algunas cosas. Si comparamos ese punto exacto de equilibrio en el que se encuentra el sistema nervioso con la música, diríamos que ese punto exacto es el *tutti* de la orquesta: un equilibrio perfecto entre que cada instrumento esté tocando por su cuenta y que todos los instrumentos estén sonando juntos. Suenan como un todo. Esto en el campo de la neurociencia sería la metaestabilidad, y es el estado teórico en el que están las redes neurales para mantenerse en el estado óptimo de eficiencia. Una alteración de este estado supone una alteración en la cognición, en la mente.

Después de casi media hora de preguntas y respuestas, lejos de verlo como algo incómodo, me sentí agradecido por ese intercambio con alguien que nos hizo pensar durante las clases de Medicina. Nos sembraba la duda y el espíritu crítico. Y eso, a veces, es más importante que memorizar sesenta capítulos de patología general y decir de memoria las causas de una cirrosis hepática o una neumonía. Por más que veamos el cerebro como dos mundos diferentes, curiosamente, quizás ahora compartimos más cosas que hace ocho años. Los dos aceptamos la no localización de la mente, y mientras él la aborda desde un punto de vista psicodinámico y existencial, yo trato de ponerle números. Ambos viajes son y deben ser inclusivos cuando el objetivo es este: cuidar del paciente y no parar en la búsqueda de cómo curar, aliviar y consolar. Eso, al final, es lo único importante. El juramento hipocrático.

La pregunta que me hago constantemente es: ¿cómo podríamos «restaurar» la comunicación dentro de cada red, así como entre ellas, de forma que se traduzca en una solución o una mejora en el plano cognitivo o comportamental del paciente? ¿Sería suficiente? No lo sabemos. Aún. Pero creo que esta década será clave para averiguarlo. Una de las quimeras de la neurociencia en esta década es cómo correlacionar lo que sucede en una neurona (microescala) respecto a lo que ocurre en la mente del paciente (macroescala) a pesar de lo que hemos ido entendiendo: 1) lo clave de la dinámica entre las redes, es decir, lo crucial del eje del tiempo en la transmisión de información; y 2) que las funciones cognitivas más complejas, como nuestro comportamiento o el procesamiento emocional, parecen surgir de la interacción entre diversas regiones y no de una región concreta.

Hasta ahora los tratamientos quirúrgicos de trastornos mentales como la esquizofrenia siguen sin ser del todo efectivos y con resultados muy variables entre pacientes. El tratamiento neuroquirúrgico de las enfermedades mentales normalmente se basa en la implantación de electrodos profundos en zonas concretas del cerebro. Quizás dejar de poner el foco en regiones determinadas y ponerlo en las redes o sistemas neurales, actuando en la transmisión de información entre ellas, podría ser útil. Hemos olvidado, quizás, lo importante de las carreteras profundas de sustancia blanca que mantienen todo el sistema conectado. Si consiguiéramos regular la transmisión de información entre la red auditiva, la red frontoparietal, la red visual, la red por defecto... ¿realmente conseguiríamos restablecer el metasistema?

CAPÍTULO 10
Danzar entre los fantasmas de Broca y Wernicke

27 de octubre de 2023. Vuelo Buenos Aires-Madrid, sobrevolando el Atlántico. 01.00 h

Lo que vivimos en Argentina y Uruguay fue algo que no podremos olvidar nunca. Qué bonita es la vida cuando ayudamos a los demás. No lo digo como cliché, sino como una auténtica realidad, cuando de verdad encuentras en ello las ganas de continuar. Aquellas palabras de los padres de Gonzalo, el paciente de 17 años que operamos en Buenos Aires, al terminar la cirugía me marcaron para siempre. Ese momento al final de la cirugía cuando le apreté la mano y le dije que todo había salido bien. Cuando al día siguiente le dimos la camiseta del River Plate como sorpresa después de hacerle toda la valoración neuropsicológica y ver que estaba bien, tal como habíamos previsto y planificado. Qué emociones más intensas y compartidas. Qué ganas de romper a llorar. Me habría encantado contar con detalle cada uno de estos días, pero el calendario nos ha pasado por encima. Así que ahora, mientras sobrevuelo el Atlántico, quiero contarles algunas cosas más que han pasado en este viaje al otro lado del río.

Me siento muy afortunado. Han sido tres continentes. Cuando empezamos la aventura el 1 de febrero, jamás pensé que íbamos a pasar, en cuestión de meses, por tantos sitios del mundo llevando nuestra filosofía. Nuestra forma de ver las cosas. Porque en los artículos científicos uno gana credibilidad, pero en la sala de operaciones uno se gana el respeto. Se demuestra si sabes o no. Y el hecho de sentir que otros colegas con mucha experiencia en la neurocirugía depositaban su confianza en mí para este tipo de cirugías es algo que no deja de emocionarme. Sé que soy joven, pero siento seguridad en lo que sé, y me siento preparado para seguir afrontando este reto. Cuando pasen veinte años y mire hacia atrás me costará creer todo lo que ha pasado en tan solo un año.

Pero… Buenos Aires… ¿Cómo lo resumo? Quizás contando que ojalá Buenos Aires fuera una parada de metro más, una que quedara a diez minutos de la Plaza Mayor de Madrid. Hasta el hecho de golpearme contra una estantería en la cafetería-librería El Ateneo había propiciado que cayera un libro de Borges, que mi padrino Gabriel me había pedido cuando supo que me iba a Argentina. Parecía todo orquestado. Será la vida, supongo.

Ahora, que por fin nos han dado wifi y Pedro se ha dormido… necesito contarle a alguien todo esto. No puedo guardármelo. Justo ahora recibo un audio por WhatsApp del padre de Gonzalo agradeciéndonos este trabajo entre lágrimas. Por haber venido desde tan lejos a ayudar a su hijo. Se me encoge el cuerpo tan solo con escucharlo. Me acuerdo de mi abuela cuando me decía: «Tú solo haz el bien, siempre. Hacer el bien es siempre ganar». Porque aquel hombre con voz acongojada podría ser mi padre. Me partía el alma escuchar aquella voz resquebrajada de un padre lleno de miedo que por fin ha sentido algo de alivio. Le prometí que en unas cuantas semanas Gonzalo estaría jugando al fútbol de nuevo, y sé que así será. Todo el equipo de quirófano vimos luchar a Gonzalo durante más de dos horas y media para poder llevar a cabo la cirugía. Con una madurez muy lejos de su edad. Gracias, Gonzalo, por ponerte en mis manos. Gracias, Matías Baldoncini, por invitarme a compartir esto con mi equipo y seguir ayudando a nuestros pacientes.

Yo andaba aún asumiendo que había estado en Argentina y Uruguay. Parecía que era todo un sueño. Me habían invitado a operar en Buenos Aires, al país de Astor Piazzolla. A mostrar lo que hacemos, lo que hemos creado, para continuar validando esta herramienta que había nacido en el salón de mi casa, en Tenerife, en 2022, dándole vueltas a la cabeza sobre cómo construir un test que pudiera analizar desde la parte más perceptiva e inmediata del reconocimiento de emociones, hasta la parte más racional o de consciencia ética que empleamos ante situaciones sociales y que determinan nuestro comportamiento. Esa búsqueda de ir desde las grandes estructuras del cerebro a inferir cómo funcionan las redes neurales a lo largo de los continentes. Ese camino buscando la luz.

Y había algo que para mí era fundamental en todo esto, y es que volvimos a hacerlo en un hospital público. No había nada que me hiciera más feliz que ser invitado a operar en hospitales públicos. Porque sí. Porque si mi tío hubiera estado en circunstancias económicas desfavorecidas, me habría gustado que alguien viniera a compartir lo que hace y le hubiese ayudado sin pedir nada a cambio. Porque creo que el mundo se sustenta no por el dinero, sino a pesar del dinero, gracias a unos cuantos que ponen las ganas de ir más allá por delante de sus intereses y beneficios propios. El mundo ha cambiado, quizás a peor, y los valores parecen irse diluyendo. Cada vez hay menos verdad en las cosas. O esa es mi sensación. Muchos jóvenes ya no quieren ser científicos, filósofos o médicos, sino streamers. Esto me da pena. Ahora las redes sociales están llenas de gente que pretende enseñarnos a todos que tenemos que emprender para ser felices. Que tenemos que generar riqueza. Que tenemos que capitalizarnos, ser fruto del intercambio, ponernos precio. Ponerle precio al mundo y apagar la luz de las emociones. Yo no quiero. Y no creo que sea una utopía que pretendamos seguir haciendo lo que estamos haciendo. Porque solo necesitamos una cosa, que por ahora nos desborda: y es la pasión por ir más allá. Porque ojalá pudieran sentir lo que estoy sintiendo yo, lo que estamos sintiendo nosotros como equipo: la felicidad genuina y cero pretenciosa de ayudar a alguien. Porque no hay dinero que pueda siquiera equipararse a eso. Al hecho de operar un cerebro, porque ahí dentro hay un ser humano, y también una familia. Dar luz y calor a quien está en la más absoluta oscuridad cuando a su hijo le han diagnosticado de un tumor cerebral y le dicen que puede quedarse sin hablar y sin moverse. Así que fuimos a Buenos Aires sin un atisbo de duda de que podíamos hacerlo. Con todos los focos puestos sobre nuestros hombros: «A ver qué hacen estos». Pero nosotros sabíamos que íbamos a conseguir el objetivo.

Cuando el director médico del hospital público al que nos invitaron habló con nosotros, dijo algo que también me guardaré para siempre: «Más allá de que lo que hiciste supone un hito en Sudamérica en el plano científico, mapear las emociones en el hemisferio izquierdo por primera vez en la historia, lo lindo de esto es que hayas venido a un hospital público de la provincia de Buenos Aires a hacerlo, sin pedir nada a cambio, con tu equipo: Pedro, Natalia y Lucas, a ayudar a un *pibe* que lo único que tiene es el sistema de salud nacional». Ahí sentí eso de que ves toda tu vida pasar y te acuerdas de todos los momentos difíciles que vives antes de llegar a tus sueños. Pensé en cuando era niño y abría las enciclopedias del cerebro humano o la enciclopedia Encarta. O cuando escribí aquel cuento con cinco años en el que hablaba de un tal Martin Kelvin, un médico que quería ir por el mundo ayudando a los demás, y que aún mi madre guarda con cariño en mi casa, en La Palma. En una de esas gavetas viejas que huelen a recuerdos llenos de polvo. Que aún pueden tocarse y sentirse. No seré ese médico del cuento, pero aquí estoy. Y el camino hasta aquí ha merecido la pena. De verdad. Por todo. Por tener que crecer y madurar en un mundo con el que no me siento identificado del todo, en el que tantas veces me he sentido un ser raro. Teniendo que aparentar, en ocasiones, lo que no soy. Quizás la vida me hizo demasiado sensible. Un mundo donde la verdad, a veces, está en manos de gente que la tergiversa en beneficio propio, y donde la ética y la moral parecen comprarse con dólares. Pero nuestro objetivo era claro: seguir encontrando formas de autofinanciarnos para poder operar a todas aquellas personas que no podrían costeárselo, seguir operando por el mundo divulgando nuestra filosofía y continuar fuera del sistema. Un sistema que no te invita a pensar ni a crear. Ese es el deseo. El sueño. Y tengo la suerte de que no sueño solo: somos un equipo.

«A VER CÓMO SE DESPIERTA EL PACIENTE»

Esa frase, una y otra vez. Pasé casi seis años escuchándola, se me había clavado en lo más profundo de mi ser. Es obvio que el cerebro nos supera, lo sé. Todo el tiempo. Pero quizás si no siguiéramos usando un modelo de lenguaje de 1886, si estandarizáramos una evaluación neuropsicológica de las funciones cerebrales antes, durante y después de la cirugía, si les preguntáramos a los pacientes qué sucedió con su vida íntima tiempo después de la cirugía, su vida en familia, sus *hobbies*... Si pasáramos de Broca y Wernicke a las redes neurales de larga escala... ¿Por qué? ¿Por qué tenemos que rendirnos ante la inmensidad del cerebro humano?

En el viaje a Argentina reflexionamos mucho sobre esta frase que menciono al principio de este apartado: «A ver cómo se despierta el paciente», y que tanto habíamos escuchado como neurocirujanos. A este viaje nos acompañó mi amigo Pedro, os he hablado de él anteriormente. Es una persona clave en quién soy hoy. Cuando fui como estudiante de cuarto de Medicina al Hospital Universitario Nuestra Señora de Candelaria (Tenerife) a ver una cirugía de un tumor cerebral —justo unos meses antes de que mi tío enfermara—, me llamó la atención enormemente que Pedro, uno de los pocos neurocirujanos que nos prestaban atención como estudiantes, nos dijera mientras mirábamos atónitos cómo se extraía un tumor cerebral: «No dejéis que el árbol os tape el resto del bosque. Esto lo haría un mono si hablamos de la parte manual, la parte técnica. Lo importante es entender qué está pasando en el cerebro. Y en eso, estamos muy lejos. Les recomiendo que lean a Hugues Duffau, porque es el único que está cerca de entenderlo». Nunca me habían dicho eso, y menos un neurocirujano; a pesar de que probablemente la mayoría lo pensaba. Fue un gesto de honestidad que me inspiró. Los neurocirujanos no nos tratan especialmente bien cuando somos estudiantes. Por eso, cuando alguien nos dedica un puñado de su tiempo, no lo olvidamos nunca. Así que unos minutos más tarde, acabando la cirugía, pudimos escuchar la frase: «Todo ha salido bien. A ver cómo despierta…». Se aceptaba y se sigue aceptando la incertidumbre como parte normal de la situación. No sabía en ese momento que muy pronto lo vería tan de cerca con mi tío. La vida da tantas vueltas que a veces hasta a los más escépticos se nos tambalea el suelo con tantas casualidades juntas.

Cuatro años más tarde, llegué al mismo hospital como residente de Neurocirugía. Y, cuando fui a visitar al equipo, al primer neurocirujano al que me encontré en la planta octava… sí, fue a Pedro. Él apenas se acordaba de mí. Si les digo la verdad, los primeros dos años de residencia médica me sentí bastante alejado de lo que estaba aprendiendo. No porque no me gustara la neurocirugía, sino porque todo lo que escuchaba sobre la función cerebral era Broca, Wernicke, área motora y sensitiva. Vi cuatro cirugías despiertas en cinco años, y las dos últimas las hice yo junto a mi jefe, el doctor Domínguez. Pero no era un problema de mi hospital, sino de que el neurocirujano no había dado el paso a especializarse en un campo concreto de la neurocirugía y trataba de llegar a todo. ¿Cómo íbamos a conocer así la red por defecto, la red de saliencia o la teoría de las metarredes postulada por Guillaume Herbet y Hugues Duffau en 2020? ¿Cómo íbamos a estudiar todo el monto reciente de evidencia que iba a favor de que muchas de las funciones cerebrales son fruto de la INTERAC-CIÓN entre partes distantes del cerebro? ¡El todo era mucho más que la suma de las partes! ¡No es posible profundizar en el conocimiento del cerebro si solo nos dedicamos a operar y operar y operar, sin tiempo para el estudio de la neurociencia!

Pero nos forman para entender el cerebro en el nivel macroscópico: *zoom* puesto al máximo. Giros y surcos. Arterias y nervios. Y luchar contra ese sistema era difícil. Pero estaba dispuesto a hacer lo que fuera. Decidí en aquel entonces que tenía que escuchar a Pedro. Comencé el doctorado en la Universidad de La Laguna y me estudié todo lo que encontré en Pubmed sobre Duffau y su equipo. Todo. Día y noche. Hugues Duffau era el único neurocirujano que estaba trabajando ya en cómo llegar hasta la mente humana a través de la cirugía despierta de tumores cerebrales. Recuerdo como si fuera hoy dar las sesiones clínicas y hablar del IFOF, de sistemas neurales, de parafasias semánticas y fonéticas, de la no localización de las funciones cerebrales; sé que pensaban que estaba loco. Era como si de lo que hablaba fuera un mundo aparte lejos de lo que veíamos aparentemente en el cerebro. Como si fuera una utopía que no podría traducirse a la práctica clínica diaria en nuestro medio. Pero eso fue hasta que llegué a Montpellier, donde nunca más escuché: «A ver cómo se despierta». Allí me cambió todo. Duffau hablaba con la familia meses antes de la cirugía, y luego nos explicaba todo a los que estábamos allí. Tenía claro en su mente lo que iba a suceder y sabía qué riesgos había de que el paciente se despertara con moderados e incluso graves déficits neurológicos de los que, con el paso de apenas unos días, estaría prácticamente recuperado. Respetando siempre los tractos profundos que mantienen la conectividad cerebral, lo cual es esencial para alcanzar una calidad de vida óptima.

Cuando acabé los cinco años de residencia y marché lejos, nunca perdí el contacto con Pedro. Fue el hermano mayor que mis padres no me dieron. Fue quien me empujó cuando yo creía que todo el esfuerzo que estaba haciendo no merecía la pena. Me había acompañado en cada paso, y vio como todo «explotó» muy pronto (con sus cosas buenas y malas), en apenas un año y medio. Él me dijo que la única forma de ser feliz disfrutando de averiguar cómo funciona el cerebro humano era ir a Montpellier. Él estuvo apoyándome en mi lucha incesante por entender cómo funciona el cerebro para intentar dar una mejor calidad de vida al paciente. A la hora de desarrollar nuevos test, nuevas formas de ver el conectoma. De tomar decisiones sobre la vida… Decidió acompañarnos a Argentina y Uruguay; cruzó con nosotros al otro lado del río. Sabía lo que significaba para mí en sentido literal y figurado esa frase. Mi filosofía. Tras las dificultades que habíamos tenido que superar ese año. Y de pronto, el tren de aterrizaje tocó tierra bonaerense en el aeropuerto de Ezeiza. «Amigo, lo estás consiguiendo», me dijo con los ojos llorosos. Aquel abrazo también me lo guardo…

Vamos a hacer un pequeño *flashback* al día anterior a la cirugía, 24 de octubre de 2023.

«A ver cómo se despierta el paciente…» Así empecé la conferencia que di en una de las universidades más importantes de Buenos Aires, un día antes de la cirugía que íbamos a llevar a cabo en el Hospital Provincial Petrona V. de Cordero. Tenía la necesidad de transmitirles esa frase a los estudiantes y médicos que allí estaban, como científico y como familiar. Los estudiantes habían puesto un empeño y un cariño tremendos para que yo estuviera allí. Sentir ese apoyo desde tan lejos me emocionaba. Sabía que habían movido cielo y tierra para que aquello se diera.

Para mostrarles cuál era nuestra filosofía y cómo planificábamos la cirugía más allá de las dichosas «áreas elocuentes», en una diapositiva mostré la localización de un tumor, ubicado en el giro supramarginal y parte del giro angular izquierdos. Mostré, a propósito, una visión «modularizada» del cerebro con un círculo que señalaba la localización tumoral. Dividí el cerebro en compartimentos separados, irónicamente.

—¿Qué funciones creen que vamos a monitorizar durante la cirugía despierta de este paciente? —pregunté, sabiendo lo que me dirían.

—Lenguaje y movimiento, porque está en área elocuente, cerca del área de Wernicke, que es la región de la comprensión del lenguaje —me contestó Lautaro, el estudiante que había puesto a la universidad en contacto conmigo.

—No. Vamos a mapear el reconocimiento de emociones, la metacognición, la atención, las funciones ejecutivas, el lenguaje y el movimiento —le contesté—. El cerebro no está preparado para que nosotros lo entendamos. Así que tenemos que hacer malabares para seguirle la pista. No podemos entender lo que vamos a hacer mañana si nos basamos en un modelo de funcionamiento cerebral de hace dos siglos. Ahí no está Wernicke. «Wernicke no existe.» Ahí no está la comprensión del lenguaje. Si aplicamos un estímulo en esta zona al paciente, y distorsionamos esta zona... ¿crees que se quedará sin entender el lenguaje? Te aseguro que no. Nuestra forma de ver el cerebro necesita ser redefinida. Por supuesto que esta región cerebral forma parte de la red del lenguaje, y que una lesión aguda como un ictus puede generar una alteración en la comprensión del lenguaje. Pero también puede provocarlo un ictus en los tractos profundos del cerebro. Porque cuando cortamos un tracto, por ejemplo, el IFOF, que está muy involucrado en la comprensión del lenguaje, podemos desconectar por completo la red del lenguaje y otras redes. ¡Pensemos en redes en lugar de en zonas concretas universales para todos los cerebros! Veámoslo.

Fue aquí donde intenté explicarles el cambio de paradigma. El tumor que íbamos a operar al día siguiente estaba ocupando el giro supramarginal y angular izquierdo, en torno a una zona que conocemos como «conjunción temporoparietal», y de la que hemos hablado en el capítulo anterior, ya que es parte de la red por defecto (red del *insight*, introspección). Pero, además, esta región está formando parte de dos redes más: la red del lenguaje y la red de *mentalizing* (la red del reconocimiento emocional). No podemos seguir pensando en áreas «elocuentes» y decir: aquí está el entendimiento del lenguaje. No podemos. No es cierto. Cada región que aquí vemos separada de otras funciona en red, al mismo tiempo. No solo las funciones son llevadas a cabo por diversas regiones, sino que una misma región puede estar haciendo varias cosas a la vez porque... forma parte de varias redes. Y la comprensión del lenguaje está lejos de estar en un punto concreto.

—Lautaro, es por eso que... aunque esta región donde está el tumor forme parte de la red del lenguaje, ¿cómo no vamos a preocuparnos por el resto de las redes y, por lo tanto, de las otras funciones cerebrales? ¿Por qué seguimos enseñando en la universidad esta visión tan rígida? Nos enseñan que un paciente con un ictus en esta zona (giro supramarginal y angular) siempre va a tener un trastorno que le impide entender el lenguaje y además no se da cuenta de que tiene un problema, y se «inventa» un lenguaje que resulta incomprensible para los demás. Y ya está. No nos explican nada más. ¿Por qué no nos han explicado o nos han hecho pensar en... por qué va a tener incapacidad el paciente para darse cuenta de que tiene un problema en el lenguaje? ¿Entendemos ahora por qué? ¡Porque esta región es una zona caliente que forma parte de varias redes, entre ellas, la red por defecto, que, al lesionarse, impide que podamos darnos cuenta de nosotros mismos y lo que nos pasa! Por eso en este tipo de ictus el paciente no es consciente de lo que le sucede. Es por eso por lo que un paciente con una lesión aguda alrededor de esta área no se da cuenta de que tiene un problema en el lenguaje y se «inventa» palabras totalmente sin sentido. En medicina, cuando el paciente no es consciente de su problema hablamos de «anosognosia». ¿Puedo decir, por tanto, que la lesión de la conjunción temporoparietal es el lugar de la anosognosia, o pérdida de capacidad de reconocer un problema neurológico? No. Eso sería seguir reduciendo las cosas a una zona en lugar de verlo como un conjunto. Sería hacer lo mismo que hemos hecho con el área de Broca o de Wernicke todo este tiempo. De acuerdo con la neurociencia de redes, lo correcto sería entender que la conjunción temporoparietal es una zona «caliente» que contiene diversas regiones críticas (variables entre pacientes) que pertenecen, entre otras, a tres redes: la red del lenguaje, la red por defecto y la red de *mentalizing* o reconocimiento emocional. ¿No es así un poco más entendible cuando vemos que está todo conectado y que la lesión de un punto puede afectar a otro muy distante?

»Y si por un momento solo nos centráramos en el lenguaje, ¿por qué digo que ahí no está la comprensión del lenguaje, es decir, que al estimular eléctricamente ahí el paciente no va a dejar de comprender lo que le dices? Porque la comprensión del lenguaje es una función cognitiva compleja, quizás no como las emociones, pero necesita de diversas regiones, redes y océanos profundos. Por lo tanto, ahí no está la comprensión del lenguaje. Igual que el área de Broca, el área de Wernicke es un constructo reduccionista que nos limita en el conocimiento del funcionamiento cerebral. No es más que un nodo en una red, que además puede desplazarse por la neuroplasticidad que induce el crecimiento de un tumor, y que tiene variabilidad entre pacientes. ¿Cómo no deberíamos hacer una cirugía despierta para identificar en vivo los puntos críticos dentro de cada una de las redes que hemos nombrado? De hecho, para ilustrar el hecho de que Broca y Wernicke son una especie de constructos que además de reduccionistas, son inexactos, en un artículo publicado en la revista *Brain & Language*,[1] titulado "Broca and Wernicke Are Dead", se hacía una encuesta a neurocientíficos, neurólogos y neurocirujanos, y lo que se definía como área de Wernicke era variable entre profesionales. Había como cuatro o cinco definiciones anatómicas diferentes. Es decir, que ni siquiera hay un acuerdo. ¿Cómo podemos, entonces, seguir hablando de Wernicke y planificar la cirugía despierta solo si el tumor está cerca de Wernicke? ¿No deberíamos pensar más allá? Michel Thiebaut publicó que los casos clásicos de lesiones cerebrales como Phineas Gage, Broca o Wernicke no son debidos solo a una lesión en la superficie cerebral como tal, sino que surgen del daño de esas carreteras profundas.

»En esta filosofía de basar la cirugía en el conectoma y no solamente en el tumor, nuestro primer pensamiento debe ser: ¿cuáles son los puntos-stop donde detener la resección para preservar la calidad de vida de este paciente? Nuestra mente ya debe estar en los tractos profundos. Dónde nos los vamos a encontrar, y qué test le vamos a decir a nuestra neuropsicóloga que aplique para encontrarlos y respetarlos.

—¿Es entonces porque esta zona es un nodo importante en la red por defecto (red del *insight* y autopercepción) por lo que evaluaréis la capacidad del paciente para evaluarse a sí mismo?

—Sí. Tras cada respuesta que da, le pedimos que se autoevalúe del 1 al 6, diciéndonos cuánto de seguro está de su respuesta. Porque la red por defecto es crítica para este tipo de funciones complejas y a su vez se asocia de forma orquestada con otras redes de alto orden, como la red de saliencia o la red ejecutiva central, para dar lugar a nuestra cognición.

—¿Y sobre el reconocimiento de emociones en el lado izquierdo? Nunca había leído nada sobre regiones críticas en el hemisferio izquierdo para el reconocimiento emocional porque nos enseñan la separación radical entre el hemisferio derecho o creativo y el izquierdo o ejecutivo —siguió Lautaro.

—Respecto a lo que me comentas, una gran cantidad de estudios de resonancia magnética demuestran que esta región (la conjunción temporoparietal) forma también parte de la red de reconocimiento emocional (red de *mentalizing*), tanto en el lado derecho como en el izquierdo; sin embargo, hasta ahora no se había mapeado esta función en el hemisferio izquierdo porque se le ha dado más importancia al lenguaje o al movimiento. Lo hicimos por primera vez en marzo de este año, y nadie lo había descrito anteriormente. Separar el cerebro en dos hemisferios de forma tan radical nos puede cegar en cosas tan cruciales como que, en algunas series, el 30 % de los pacientes tras la cirugía de un tumor cerebral en el hemisferio izquierdo presenta déficits en la esfera emocional. Es importante entender el cerebro como un todo. No hay dos hemisferios radicalmente diferentes. Como te comentaba, la red que nos permite el reconocimiento de emociones (red de *mentalizing*) en las caras de los demás es bilateral: hay una izquierda y una derecha. No podemos ver el cerebro con los ojos que vemos el resto del mundo, donde todo es blanco o negro, donde todo está determinado. Es cierto que algunos procesos están «lateralizados» (es decir, que uno de los hemisferios tiene una relativa mayor implicación en la función), como el acceso a las palabras (léxico) en el hemisferio izquierdo, o la atención visoespacial (cognición espacial) en el hemisferio derecho, pero esto no significa que el cerebro tenga unas funciones dedicadas para cada hemisferio como si fueran cajas separadas. Los neurocirujanos nos hemos cegado con la visión de las «cosas grandes». Nos cuesta mirar a lo pequeño, a lo que no se ve. Y las redes neurales, que «no se ven» (solo se infieren tras el procesamiento de electroencefalogramas o resonancia magnética), son TODAS BILATERALES. Hay una derecha y una izquierda para cada una de las redes.

Al final de la conferencia, un neurocirujano que se mostraba cerrado a esta perspectiva de una neurocirugía de redes, aferrado a la retaguardia y al localizacionismo, me invitó a que no promoviéramos con tanta facilidad la cirugía despierta y este enfoque neurocientífico porque no le parecía la solución a todo, alegando que los estudiantes no pueden motivarse tanto con ella para luego llegar al mundo real y no poder aplicar esta filosofía. Hizo hincapié en sus más de veinticinco años de experiencia, dándome a entender que con treinta años no podía dar lecciones a nadie. Pero cuando llevas más de un año con el neurocirujano que ha cambiado la neurocirugía y sabes las dificultades que a él se le han puesto por evolucionar el conocimiento, vas curtiéndote a la hora de recibir opiniones de detractores. Me dio a entender que este tumor era inoperable porque el paciente podría salir con trastornos para la comprensión del lenguaje, prácticamente incapaz de hablar. Pero yo ya sabía lo que era danzar entre los fantasmas de Broca y Wernicke. «Esta parte del cerebro hace esto, y esta otra esto…» Así que volvería a danzar. Lo haría una vez más en Buenos Aires, estaba seguro. Así que me ceñí a la ciencia. A su pregunta. Le comenté que hace más de diez años que se ha publicado un modelo hodotópico en el que el lenguaje funciona a modo de red, que interactúa con otras redes y que hay una variabilidad inmensa entre unos pacientes y otros, y que, por lo tanto, hacer cirugías despiertas dependiendo solo de si está el tumor cerca de Broca o Wernicke parece cosa del pasado. No es una opinión mía, es cuestión de datos.

—Hay más cosas además de la cirugía despierta. El paciente requiere una valoración integral, un cuidado, un trato específico…

—¿Y no es un trato específico leer la literatura médica y ver que más del 30 % quedan sin capacidad para volver a su vida familiar normal? ¿Que en algunas series menos del 20 % vuelven al trabajo? ¿Que independientemente de la localización del tumor, el paciente tiene secuelas emocionales y del comportamiento? ¿Y que la cirugía despierta ha demostrado mejorar todos esos datos? ¿Eso no es dar un trato específico y a la carta a los pacientes? ¿O es mejor seguir enseñando Broca y Wernicke? Yo estoy aquí porque sé lo que es ver cómo las emociones no estaban en el lóbulo frontal de mi tío. Dejemos los dogmas, la teoría del «siempre se ha hecho así», y pasemos a la ciencia de verdad. Motivemos a los alumnos a que busquen más allá. Hagamos autocrítica.

Reconocimiento emocional en el hemisferio izquierdo
de Gonzalo. Danzando entre los fantasmas de Broca
y Wernicke

Suena ese pitido agudo que tienen algunos estimuladores bipolares cuando aplicas corriente a la superficie cerebral…

—Arresto del lenguaje —me espetan Natalia y Mónica.

Después de ir subiendo el miliamperaje de 0,5 en 0,5 y buscando, como siempre, nuestro punto de apoyo para comenzar a dibujar el mapa: el *ventral premotor cortex,* a 4 miliamperios desembocamos en un bloqueo transitorio en la emisión del lenguaje. Sí, fuera de la supuesta área de Broca. Ya sabemos que el *ventral premotor cortex* es una región con poca variabilidad entre individuos y que la usamos como punto de partida. Es una de esas excepciones que empleamos como «truco» para poder buscar un punto común en todos los pacientes, donde establecemos el miliamperaje con el que continuar el mapeo de los puntos críticos de las diferentes funciones cerebrales.

—Vale. Comenzamos con multitarea, combinando el test de denominación de objetos y movimiento constante del brazo derecho —dije casi de forma automática a Natalia.

Una de las limitaciones que tenemos, como hemos comentado en este diario, es que después de las dos horas, el paciente comienza a fatigarse, y la asertividad de la monitorización de sus funciones cerebrales comienza a perder efectividad. Es por eso que tenemos que tenerlo muy claro todo desde el principio. En esta primera fase, teníamos que localizar las zonas críticas de acceso a las palabras (eslabón del léxico) a lo largo de la red del lenguaje, las zonas críticas de la asociación de objetos por su significado (eslabón de la semántica) y zonas críticas del reconocimiento emocional.

—Esto es… Esto es… —titubeaba Gonzalo, siendo incapaz de nombrar el objeto que le mostrábamos.

—Anomia —dijo Natalia, refiriéndose a que el paciente podía hablar, pero no acceder a la palabra con la que nombrar el objeto que estaba viendo: una iglesia.

Tras mapear toda la superficie cerebral en torno al tumor, habíamos encontrado dos regiones críticas para el acceso a las palabras. Pasaríamos entonces a analizar la semántica (el concepto o significado de las palabras).

—Pasamos a triple tarea: test de asociación semántica, movimiento constante del brazo y autoevaluación (metacognición).

Durante esta parte del mapeo en la superficie cerebral no encontré zonas críticas para el procesamiento semántico. Tampoco encontramos en ningún momento ninguna región donde al estimular el paciente perdiera su capacidad para comprender el significado de las cosas, que es la supuesta función del área de Wernicke. Por lo tanto, pasamos a la última parte del mapeo en la superficie: reconocimiento de emociones. Sabía que en ese momento todo el mundo estaba esperando a ver qué sucedía. Había invitado a Lautaro, el estudiante que había insistido en que hiciera aquella conferencia, a que pudiera ver la cirugía y ser partícipe. Tenía entusiasmo y me puse en su piel. A mí me habría gustado que me llevaran. Quería mostrarle que sí. Que sí es posible un cambio de paradigma: pasar de Broca a las redes neurales.

—Comenzamos triple tarea con reconocimiento emocional, Natalia.

—Ella está… melancólica… —dijo el paciente intentando reconocer la emoción del avatar.

—Fallo —me avisó Natalia rápidamente.

Había encontrado la primera zona crítica del reconocimiento de emociones en el giro temporal superior (véase Imagen 5 del *mapping* cerebral en el pliego en color).

—Él está ansioso… Ella está aterrorizada…

—Muy bien Gonzalo, lo estás haciendo muy bien, seguimos —le animaba Natalia.

—Él está celoso.

—¡Fallo!

—¿Qué te ha pasado, Gonzalo? Dime qué has sentido —le pregunté.

—No he podido reconocer la expresión de la cara del avatar —me contestó con mucha seguridad.

Le pasamos varios avatares más, incluido ese, para comprobar que solo había sido incapaz de reconocer la emoción durante el estímulo eléctrico que había aplicado. Habíamos encontrado una segunda zona crítica del reconocimiento de emociones en el giro angular. Pero pasó algo que me pareció fascinante. Esta zona, cuando la comprobé en sucesivas estimulaciones eléctricas, daba fallos de diferentes tipos, en diferentes funciones cerebrales. Nunca había visto algo así. La primera vez que apliqué el estímulo eléctrico en esta zona, el paciente fue incapaz de nombrar la silla que se le mostró en el ordenador, cambiando silla por otra palabra con una pronunciación parecida. A este fallo lo llamamos parafasia fonética. La segunda y la tercera vez que estimulé este punto (de forma no consecutiva, dejando pasar algo de tiempo para evitar el riesgo de producir una crisis epiléptica), el paciente tenía dificultades para reconocer la emoción que se le estaba mostrando. Concretamente, la segunda vez confundió abstraído por celoso. Y la tercera vez no pudo distinguir qué emoción era, directamente. No pudo elegir ninguna de las dos opciones que siempre mostramos junto a cada emoción.

¿La zona estaba involucrada en diferentes funciones dependiendo del momento? ¿Había cambiado la función en la que estaba involucrada por neuroplasticidad inmediata? ¿O simplemente era el resultado de que era una zona crítica dentro de varias redes que se encargan de diferentes funciones? Varios de los autores más influyentes en este campo, como Duffau, Mandonnet, Herbet o Poldrack han propuesto que podría haber neuroplasticidad incluso en un corto espacio de tiempo, o sea, durante la propia cirugía. Es decir, que una función cambie o se desplace de sitio desde que haces el mapeo la primera vez y cuando lo compruebas un tiempo después o al final de la cirugía. Esto es algo que sigue sin dilucidarse del todo. Poldrack propone que, dado que las funciones cognitivas de alto orden que sustentan nuestra mente precisan de un constante cambio en el flujo de información entre diversas regiones cerebrales, estas rápidas transiciones suponen qué cambios podrían explicar lo que encontramos en este punto, en la transición del giro temporal superior al giro angular (véase Imagen 5 en el pliego en color).

Lo siento, pero no lo sabemos todo. El cerebro nos va a superar siempre, y sigue dándonos algunas respuestas que aún no podemos interpretar perfectamente. No obstante, algo estaba claro: esa región de la superficie cerebral parecía un «nodo de orden mayor» encargado de varias tareas al mismo tiempo, probablemente por ser un punto caliente en facilitar la transmisión entre redes. Parecía como si, dependiendo del instante en el que se le aplicara el estímulo eléctrico, produjera un fallo en diferentes funciones cerebrales. Lo importante era que, más allá de qué pasara allí, aquella región era crítica y no podíamos tocarla. Así que continuamos, como siempre, con la segunda fase: la extirpación del tumor a través de aquellas zonas del mapa seguras. El tumor tenía un tamaño considerable y, en profundidad, estaba muy cerca de tres carreteras profundas: el IFOF, el fascículo arcuato y la vía piramidal (vía del movimiento). Por lo tanto, comenzamos la extirpación del tumor mientras iba haciendo multitarea que íbamos cambiando cada cierto tiempo, incrementando progresivamente las tareas que tenía que hacer asegurándonos de que, pese a la extracción de parte de su cerebro, las redes neurales continuaban soportando la situación autorregulándose y compensándose. Cualquier cambio en la capacidad de hacer diversas tareas de Gonzalo nos permitiría redirigir la cirugía o detenerla.

Cuando teníamos un bloque del tumor ya preparado para extirpar con las pinzas y enviarlo a analizar, al tirar ligeramente de él, Gonzalo empezó a tener problemas para articular las palabras, y de forma repetida cambiaba unas palabras por otras que se parecían en su pronunciación. Estaba claro que la parte más profunda de ese bloque de tumor estaba produciendo una especie de estiramiento que hacía que la carretera profunda se bloqueara y dejara de transmitir la información. Extirpamos ese bloque grande de tumor y automáticamente pedí el estimulador bipolar porque sentía que ahí abajo estaba el fascículo arcuato.

—Natalia, pasamos solamente al test de denominación de objetos para asegurarme de que aquí está el fascículo arcuato.

—Esto es... Esto es...

Ahí estaba. Había encontrado una de nuestras carreteras profundas. Aunque en esa zona quedaba algo de tumor, como sabemos, es crucial mantener los océanos. Y así lo hicimos. Tras esto, fuimos a la parte más anterior del tumor, donde se acercaba a la carretera profunda del movimiento (la vía piramidal). Estaba muy cerca. Así que, con el estimulador en la mano izquierda y el aspirador quirúrgico en la derecha, apliqué el estímulo en profundidad para comprobar si detenía el movimiento del brazo y la boca de Gonzalo. Y así fue.

—Bloqueo del movimiento en brazo y cara —me decía Natalia.

—Vale, equipo. Hemos llegado a los límites. —Pedí a la enfermera las etiquetas estériles para marcar los puntos-stop—. Hemos terminado. Gonzalo, enhorabuena. Has estado brillante. Hemos hecho todo lo que habíamos hablado. ¡Campeón! Ahora te dormiremos y podrás descansar. Estos días notarás algo más de dificultad para acceder a las palabras, pero en cuestión de cuatro o cinco días estarás muy bien. Te lo prometo. Descansa.

—Gracias. Muchas gracias —nos decía visiblemente agotado, pero satisfecho, mientras vislumbraba cómo Natalia acariciaba su brazo para darle esa paz que solo ella sabe dar a nuestros pacientes.

Miré a Pedro, que estaba detrás de mí, al lado de Lautaro. Y mirando a mi colega Matías Baldoncini, una vez más pregunté: ¿Dónde están Broca y Wernicke? ¿Dónde? ¡Necesitamos salir del mito de la caverna! Habíamos demostrado que se puede danzar entre los viejos fantasmas de Broca y Wernicke. Y mejor, siempre, hacerlo en equipo. Al otro lado del río.

Son las 13:20. Sobrevolamos Madrid.

No he dormido un solo minuto. Los aviones siguen siendo un lugar incómodo para mí. Dejamos Buenos Aires con ganas de ver la Patagonia, de tomarnos un café tranquilamente o de ver jugar al Boca. He creído importante dejar esto escrito al mismo tiempo que lo sentía, porque es la única forma de que les llegue de un modo directo al alma lo que otro ser humano está viviendo. Probablemente en este libro no pueda explicarles cómo funciona la mente. Y me frustra. Seamos honestos: quizás nunca llegue a saberlo. Pero sí puedo contarles cómo el cerebro me hace sentir que viviría cuatro vidas más dedicándome solamente a entenderlo. No quiero decir ni una vez: «A ver cómo se despierta el paciente». No quiero jugar a los dados. Quiero que lo hayamos planificado todo desde una perspectiva de redes y a la carta. No es cuestión de ser osados, pero sí de tener la responsabilidad de saber cómo se va a despertar Gonzalo. Se lo dije a él y a su familia antes de la cirugía. Tras la cirugía mantendría perfecta su capacidad para reconocer emociones, para evaluarse a sí mismo, para la semántica y el significado de las cosas, con ligera sensación de adormecimiento en el brazo derecho, pero sin pérdida de fuerza, y con una importante dificultad para acceder a las palabras. Sabía que era cuestión de días que estuviera perfectamente recuperado. Respetamos en superficie las zonas críticas para acceder a las palabras (léxico), significado de palabras y asociación de conceptos (semántica), emisión de palabras (fonética), reconocimiento y percepción emocional, percepción de sí mismo (metacognición).

Respetamos las carreteras profundas: el IFOF y el fascículo arcuato estaban indemnes. Los localizamos y detuvimos la cirugía. La vía piramidal (o vía del movimiento voluntario) también quedó preservada, nos quedamos a seis milímetros de ella (véase Imagen 6 en el pliego en color).

Y no. El área de Wernicke no existe tal como nos han contado. El paciente no se iba a despertar sin entender las cosas. Nos habían dicho que Wernicke era el área de la comprensión del lenguaje. Abandonemos la necesidad de localizar las funciones cerebrales y aceptemos la incertidumbre de la no localidad de las funciones complejas. Porque dependen de redes en movimiento, de las cuales solo podemos localizar los puntos críticos de ensamblaje que permiten que por esa red siga circulando información.

Parecía que se seguía cumpliendo nuestra hipótesis respecto a la amplia distribución de las redes de reconocimiento emocional en ambos hemisferios. No dejemos nuestras ideas cuando sentimos que estamos seguros de ellas. Al menos trabajemos para demostrar si se confirma o no nuestra hipótesis. Porque sea así o no, estamos haciendo ciencia y ayudando a nuestros pacientes. No hay un hemisferio matemático y uno emocional. Las redes neurales no entienden de lados. Son TODAS bilaterales. Los neurocirujanos somos los únicos científicos que hacemos tanta diferenciación entre izquierda y derecha. Un ingeniero de redes o un físico especializado en el estudio de redes neurales no ve ese mundo de distancia entre dos hemisferios por más que uno esté a un lado, y otro al otro.

13.25 h. Las ruedas ya han tocado la pista. Ojalá, Buenos Aires, fueras una parada de metro que me quedara a tres paradas de la Puerta del Sol de Madrid.

Epílogo

Cuando yo me muera,
enterradme si queréis
en una veleta.
¡Cuando yo me muera!

FEDERICO GARCÍA LORCA,
poeta y dramaturgo español

15 de diciembre de 2023. Teatro Guimerá, Tenerife,
Islas Canarias. 21.00 h
Fundido a negro. Escena final de *El último verso*.

Era la primera vez que sentía algo así en un teatro. Estaba sentado, en la sexta fila, como uno más entre el público, en una sala abarrotada de gente que acababa de ver cómo velaban el cuerpo de Federico García Lorca, cuyos restos siguen en el día de hoy en paradero desconocido. En la última escena, mientras sonaba su réquiem (del que les hablé en el capítulo 8 y que terminé apenas unos días antes del estreno), las principales creaciones de Lorca (las figuras femeninas de *La casa de Bernarda Alba*) aparecían con una tela que les cubría la cara, a excepción de Adela, su creación favorita. Con la cara descubierta, su niña de ojos marrones con la que se imaginaba bailando el vals en casa de los Rosales mientras se escondía de la Guardia Civil. Ahí suena la viola… y en ese momento se le quita el velo a Lorca. Aunque fuera en la ficción, por fin se había velado su cuerpo. Una sociedad retrógrada no pudo con el intelecto que permanecerá en las bibliotecas el resto de la historia de la humanidad. Por los siglos de los siglos.

Había visto fundidos a negro y cierres de telón de muchas obras de teatro. Algunas con muchos aplausos, otras con gente de pie, otras con gente yéndose... Pero esta era la primera vez en mi vida que lo que escuchaba a mi alrededor eran los suspiros de la gente llorando. Sofocada. Todo el teatro. ¡La gente lloraba! Ni siquiera habían aplaudido. Era como cuando lloramos de niños, que se nos hace más fuerte el llanto que la propia respiración. Me contagié. No pude aguantar la emoción de la viola de Álvaro (de la filarmónica de Oviedo), a quien apenas unos días antes le había pedido que grabara en su casa el solo que había escrito para esa última parte del réquiem. Lloré como un niño. Habíamos emocionado a la gente. Me acerqué corriendo tras las bambalinas, y todos los actores y actrices del reparto sentían la misma emoción. Lo vivimos todos. Lloramos como uno solo. No olvidemos que cada uno de nosotros lleva a sus espaldas muchas cosas contra las que luchamos diariamente, y ello nos hace valientes. Y un día, ante un estímulo como es una experiencia emocional colectiva con más de quinientas personas, todos nos desplomamos. La emoción nos recorrió el alma. Y eso es lo que nos queda dentro de un mundo en el que hoy estamos y mañana es todo incertidumbre. En el que escuchamos música para que la emoción nos haga olvidar la enfermedad, la injusticia o el hambre.

Hoy termina algo. No sé exactamente el qué, pero se cierra un círculo. Mañana tengo que entregar este manuscrito. Sé que con aquel fundido no solo se apagaron las luces del teatro. Se apagó el escenario, la música y hasta cierto concepto de mí mismo. Por un momento. No creo en experiencias extrañas; si han llegado hasta estas líneas, sabrán que busco una explicación cartesiana a todo lo que nos sucede. Es imposible creer en misticismos cuando le preguntas todos los días a la mente cómo funciona y te das cuenta de que todas las respuestas están allí. Pero la sensación de hoy, de haber vivido una experiencia emocional colectiva, ha sido el premio a un año en el que he dudado hasta del aire que respiro. Y aquí estoy, en un asiento de la sexta fila del teatro. Los actores están saludando y agradeciendo la muestra de cariño del público. Pero necesitaba diez minutos solo para escribirles este adiós, o hasta pronto, a ustedes, que me han acompañado hasta este final, donde les juro que he escrito las cosas tal como las siento. Vivo valientemente aceptando las consecuencias de mis actos y mis palabras. Y tal como empecé este libro, lo estoy terminando. Solo. Hablando conmigo mismo. Cuando pasen los años espero poder contar lo que he vivido con más detalle, porque hay más para contar y quizás no es el momento. Porque hay más de lo que he escrito. He querido contarles más acerca del cerebro que de mi viaje a comenzar a entenderlo, pero me parecía injusto que no conocieran la parte menos glamurosa de escribir un libro: investigar, decidir cómo explicar los términos más complejos, no tener energía para escribir una línea o el síndrome de la hoja en blanco. Porque esa es la vida real. Y aunque por el camino he recibido todo tipo de adjetivos (no quiero dejar de ser mínimamente elegante con el uso de las palabras en este diario), hoy sigo pensando, como pensaba en febrero, que la evolución y los cambios de paradigma son necesarios. Y alguien debe atreverse a dar el paso. Como decía G. K. Chesterton, refiriéndose a la historia de Francia: «Es lamentable haber hecho tres revoluciones para volver a caer siempre en el mismo lugar». En su opinión, una revolución no es más que el movimiento de algo que se alza para recorrer una curva cerrada y volver así al punto de partida. Es decir, no cambiar nada. Así que, si alguien me ha considerado durante este tiempo un revolucionario, lo siento, porque mi intención ha sido ser «evolucionario», porque lo que pretendo es tomar las lecciones de aquellos científicos que saben más que yo para generar mis ideas propias y que no volvamos al punto de partida, sino que avancemos en el conocimiento del cerebro humano. No solo quiero saber cómo funciona el cerebro, también deseo saber cómo puedo mejorar la calidad de vida de mis pacientes. Así que siento si mi forma de comunicar ha parecido ofensiva. Solo hablo con seguridad y claridad de aquello que estudio y que compruebo empíricamente cada vez que abrimos un cerebro. Aunque, siendo sincero... ¿será que después de cada investigación vuelvo al punto de partida de: «Creo que no sabemos lo suficiente»? Es posible, pero eso es lo que me hace querer seguir.

Tras estos diez capítulos poco hay del yo que escribió el primero. De aquel solo queda intacto un ser un humano apasionado por el conocimiento del cerebro que durante más de un año y medio ha sido una persona sin código postal. Que ha sufrido horas de vuelo y de tren para ir al otro lado del río. A pesar del sistema. Y creo que, de alguna forma, lo he logrado. Supongo que ir a contracorriente forma parte de una inercia con la que nacemos. Ahora entiendo a Nidia, mi profesora de Química en bachillerato, cuando me pedía que hiciera los problemas de química por factores de conversión, y yo desobedecía usando cada una de las fórmulas porque me parecía más divertido llegar a la solución a través de un puzle de ecuaciones. Me divertía aquello. No es que quisiera saltarme las normas, solo estaba jugando a descubrir nuevos caminos. Por si lees estas líneas, Nidia, no era nada personal. Pero quizás necesitamos dejar volar la imaginación de los cerebros, incluso cuando hablamos de números. Necesitamos que la gente pueda atreverse a volar.

Este diario ha sido una forma de hacerme autopsicoterapia ante la incertidumbre de la vida. Cada una de los miles y miles de palabras de este manuscrito me ha servido para saber dónde estaba y hacia dónde iba. Cuando dudaba, cogía el ordenador y comenzaba a escribir. Daba igual si era en Montpellier, Madrid, París, Bucarest o Buenos Aires. Así que sí, me he hecho terapia a través de lo que les he contado. He puesto algo de mi conocimiento en orden para poder entregarlo lejos del desorden voraz con el que convivo en mi cabeza, donde todo va a una velocidad de incómodo vértigo y no para, ni siquiera, cuando voy a dormir.

Y es que a pesar de todo eso… no quiero acabarlo. Porque hay una parte de mí que se va. Cuando vea el libro en las librerías, o a algún estudiante de Medicina con él, sentiré la lástima de que quizás ya no seré el que escribió ese libro. Me da miedo sentirme como Eric Clapton cuando dejó de cantar «Tears in Heaven» porque dejó de sentir ese sentimiento. Me cuesta dejar los soportes emocionales que me hacen la vida más llevadera. Desde niño. Pero madurar es dejar ir, ¿no es así?

He intentado relatarles como mero espectador aquellas respuestas que el cerebro nos ha dado, algunas esperables; otras poniéndonos el mundo del revés y formulando hipótesis con el conocimiento disponible, incluso cuándo sabíamos cuál era la pregunta que debíamos hacerle. Como relato subjetivo, debe quedar claro que mi conocimiento, como el de cualquier ser humano, es parcial, inexacto y dinámico. Es probable, muy probable, que, si algún día escribo otro libro, me contradiga en una buena parte de las cosas. O eso espero, porque de lo contrario no habré avanzado absolutamente nada. No tengo la verdad ni lo pretendo. Solo interpreto algo que, *per se*, me parece indescifrable y en lo que pondría mi vida entera: el conectoma humano. Todo el mundo se atreve a opinar de él, algunos incluso a esbozar teorías. Otros casi se sienten dueños del cerebro, se lo prometo, lo he visto. Pero les aseguro que el cerebro siempre nos gana, no juega a los dados. Juega con la ventaja de que llevamos miles de años mirándolo como al resto de los objetos, reflexionando sobre su aspecto y su forma, pero pensando poco (aunque cada vez más) en cómo transmite la información a lo largo de sus redes eléctricas. Yo solo pretendo seguir buscando respuestas. Lo necesito. Siento una necesidad imperiosa de ir al otro lado del río, y ojalá pudiera, de alguna forma, contarle al que escribía el capítulo 1 que no iba a cansarse de nadar hasta el otro lado, a pesar de que a veces el agua estuviera absolutamente congelada. Ojalá hubiera podido hablarle de la cantidad de obstáculos que, seamos honestos, tenemos que pasar todos de una forma u otra; tal vez más cuando piensas diferente, te expones y das la cara siendo joven. Pero lo haces porque piensas que quizás estés viendo algo diferente, por pequeño que sea. De pronto, donde todo el mundo está mirando, tú ves algo. Y de eso trata la evolución. No estás vendiendo un producto, una marca. Solo estás siendo, existiendo y transmitiendo lo que sientes.

Llevo 84 conferencias impartidas desde febrero en más de una docena de países. Y solo puedo dar las gracias de que la gente quiera escuchar lo que hago. Tal vez no sea ortodoxo enseñar las redes neuronales con un piano, poniendo de ejemplo los acordes, o empezar las conferencias diciendo que Broca y Wernicke no existen, pero me parece que menos ortodoxo debería ser enseñar a los estudiantes de Medicina un modelo localizacionista del lenguaje, y tomar decisiones quirúrgicas a partir de una teoría anterior a 1886. ¡No puede ser! Estoy dispuesto a recibir todos los palos necesarios con tal de derribar dogmas que han sido escritos en piedra. Y seguiré insistiendo en la necesidad de operar despierto al paciente mucho más allá del hemisferio izquierdo, siempre y cuando entendamos los límites de la neuroplasticidad.

Lo cierto es que el cariño ha sido abrumador. El podcast de *The Wild Project #199* posiblemente lo catapultó todo. Ya lo dijo mi amigo José Edelstein, físico y divulgador: «Nunca más serás anónimo». Tal vez tenía razón. No obstante, creo que la balanza va con todas las fuerzas hacia lo positivo. No me parece invasivo que una madre te pare por la calle para pedirte una foto para su hijo. O que un estudiante de cuarto de Medicina te diga que eres su referente. Obviamente, cuando hago *insight* (y activo la red por defecto, ¿no es así?), todo eso me queda muy grande. Da vértigo. Pero también sé que he ido buscando la verdad y que he dejado todo lo que soy en ello. Todos los días. Todo el tiempo.

Una de las conclusiones que saco de este año es que todos los seres humanos, cuando no tenemos un referente, estamos perdidos. Yo no sé si merezco serlo para alguien, pero sí sé que encontrar al profesor Hugues Duffau fue hallar una parte de mí mismo que de alguna forma me generaba resonancia y me daba la luz para continuar hacia el otro lado. Si no, no hubiera podido remar hasta allí. Incluso así ha habido tramos en los que el río estaba demasiado frío y donde nadé solo. ¿Fue muy duro dejar de escribir toda la música que me habría gustado? Lo fue. ¿Era consciente de que estaba poniendo mis sueños por delante del tiempo con mis padres, mis amigos y mi salud? Sin duda. Pero todo ha sucedido así y volvería a repetirlo. Porque hay cosas que no podemos elegir. Creo que tenía el deber de escribir esta historia, que de mejor o peor forma trata de cómo la vida me dio la oportunidad de crear una idea a partir de una experiencia catastrófica como es perder a un ser querido. ¿Quién me iba a decir en cuarto de Medicina, cuando veía que mi tío seguía escuchando música por hábito, pero ya no podía emocionarse, que iba a estar en varios continentes diferentes haciendo cirugía despierta y extendiendo el conocimiento? ¿Por qué cuando me hundí al ver a mi tío subiendo las escaleras del cuarto de ensayo como hábito, buscando el placer de la música, no tuve paciencia para entender que quizás podría ayudar a que eso no les pasara a otras personas?

Creo que hemos tenido la suerte de inspirar a algunos, pero no sé exactamente por qué. Tal vez por la pasión. Seguro que no ha sido por tener una gran experiencia como cirujano, pues no me ha dado tiempo de operar como para sentar cátedra de nada. Aún tengo demasiado que aprender. Pero sí he podido hablarles del concepto de red neural, las metarredes o cómo entender el cerebro como un sistema en el que influyen cinco variables o dimensiones. Si no vemos el cerebro como un sistema eléctrico complejo y nos quedamos en Broca y Wernicke y en extirpar el tumor, estamos perdiendo el tiempo. No podemos reducir el mundo a blanco y negro. Porque todo está conectado formando una gama infinita de grises. Literalmente.

En estos once meses y diez capítulos le hemos preguntado a la mente, de tú a tú, cómo funciona. Con un estímulo eléctrico indoloro de baja frecuencia y en vivo. Y algunas cosas parecen claras: las funciones cerebrales no nacen de una región, sino de la interacción de varias; en otras palabras, nacen de una red. Y aquellas más complejas nacen de redes de redes: metarredes. Esto nos ha permitido optimizar la máxima de la neurocirugía oncológica moderna: quitar el mayor volumen posible de tumor mientras preservamos la calidad de vida. Y esta no puede seguir siendo solo hablar y moverse. La calidad de vida es subjetiva, pero cualquier ser humano quiere volver a su trabajo, tener una vida emocional, social, familiar y sexual plena. Lo hemos intentado al máximo, hasta donde el conectoma nos ha dicho basta. También hemos explicado que hay tumores que, por su agresividad, no te permiten más que consultar con tu equipo y en ocasiones, rendirte. No todos los tumores te dan una oportunidad. Y en eso hemos de seguir trabajando, en ir derribando los muros que levanta el cerebro cuando lo ponemos a prueba e intentamos entenderlo. Hemos tratado a cada paciente con un plan dirigido, a la carta. Nos hemos dedicado en cuerpo y alma.

Me siento privilegiado de haber vivido esto. Con gente que se ha unido a una filosofía de vida, y que hoy es mi equipo. Salí con una maleta de Tenerife y llegué a Montpellier solo. Hoy somos muchos. Muchos. He pasado en este manuscrito por las épocas más difíciles de mi vida, y a la vez, por las más pletóricas. He coqueteado con la euforia extrema y la ansiedad penetrante. Con las emociones en todo su espectro. Pero quizás de eso se trataba. Tal vez fuera injusto hablar sobre las emociones de la mente humana sin disfrutar y sufrir cada una de ellas. Me equivoqué por el camino, pero traté de ser siempre fiel a mis ideales. Siento si hice cosas que no fueron llevadas a cabo de la mejor manera.

Me despido contándoles que nunca más voy a creer a alguien que diga que otro no puede llevar a cabo una idea. Porque de las mayores conjeturas salen las ideas que cambian el mundo. No se trata de cambiarlo uno solo, de mirarse el ombligo. Se trata de luchar por tus ideales aportando datos. Y compartiéndolos. Enseñando. Reproduciendo. No se puede transmitir el conocimiento si no es reproducible. En ese sentido, creo que algo hemos conseguido. No nos quedamos en nuestro castillo divagando sobre el cerebro, sino que fuimos hasta allí y contamos lo que hicimos. Contamos cómo lo hicimos y, sobre todo, qué tenemos en la cabeza y cómo pensamos sobre el funcionamiento cerebral. Cómo enfocamos la cirugía pensando en las redes neurales y las carreteras profundas que pueden ser dañadas, más allá de donde esté el tumor. Diciendo en cada conferencia que reducir el lenguaje a dos áreas no es ciencia. Señalando que no somos expertos, pero sí apasionados comprometidos. He tratado de no hablar en este libro de una forma despectiva sobre el error de Broca, o sobre la visión cortical y quizás localizacionista de Damasio en la lesión del lóbulo frontal de Phineas Gage; solo he querido ir un paso más allá. Vendrán otros y dirán que la teoría de las metarredes no era del todo cierta, que hay más de cinco variables o dimensiones que influyen en dónde están las funciones cerebrales. Añadirán exactitud en este viaje hacia la comprensión del cerebro. Mejorarán los test, crearán otros nuevos… Y todos habremos estado equivocados, o nos habremos contradicho en algún momento. Pero ¡eso significará que todos estamos ganando! Esto es la neurociencia, una sustancia dinámica que vehicula el conocimiento del sistema nervioso y que no pretende dar la razón a nadie, por más que nos empeñemos en poner nuestro nombre a un circuito, a un órgano, a una vida o a un *paper*.

Si con estos relatos cambio la vida de una sola persona, este viaje habrá merecido del todo la pena. Así que sí: tenía el deber de contarles que de las más desgraciadas experiencias humanas podemos encontrar los caminos para cumplir nuestros sueños. Incluso a riesgo de que luchar incansablemente no nos asegure cumplirlos. Y como me dijo el profesor Duffau aquel día en su despacho: «Este es el juego de la vida». Tú decides si continúas o te rindes.

Qué curioso, al final pasamos desde que nacemos hasta que morimos intentando buscar explicaciones a las cosas complejas. A la física de partículas. A las matemáticas. Al día a día. A la música. Pero al final, ni siquiera sabemos aún qué somos, qué hacemos aquí ni de dónde venimos.

Gracias por leerme, desde lo más profundo de mi corazón.

Agradecimientos

A mi editor, Sergi Soliva, por tantas horas al teléfono y tantos «tú puedes» y tantos «confío en ti». Gracias por embarcarme en esto, Sergi, no sabía siquiera si sería capaz. A Consuelo Jiménez, por hacer de las correcciones una forma de convertir en algo mejor el mensaje que hay en este libro. A Elisabet Navarro, Marcela Serras y Joaquín Álvarez de Toledo, por poner a Planeta y a la editorial Paidós a mi alcance y darme un altavoz con el que hablarle al mundo.

A todos los seres humanos que han formado parte de mi equipo científico: Natalia Navarro, Kilian Abellaneda, Isabel Martín Monzón, Daniel Nieto, Laura Ezama, Nayra Caballero, Francisco Pulido, Pedro Pérez del Rosario, Gloria Villalba... Por soportarme y darme siempre el beneficio de la duda ante las ideas que van naciendo en mi cabeza. Por leer mis correos a las cuatro de la mañana. A Sílvia Abella, por aguantarme recitando en voz alta mis pesadas reflexiones sobre las metarredes neuronales y las cinco «dimensiones». A Lucas Fuica, por pasar de ser el director de nuestro documental a ser un amigo que nos acompaña por el mundo con unas cámaras para recordar siempre lo que hemos construido con sangre, sudor y lágrimas.

Al profesor Hugues Duffau y todo su equipo del Hôpital Gui de Chauliac, donde me siento el ser humano más afortunado del mundo: Sylvie Moritz, Guillaume Herbet, Sam NG y Anne-Laure Lemaitre. Gracias, Profesor, me cambiaste la vida.

A María Rodríguez, que además de sacar de mí una música mejor que la que sin ella habría sido capaz de hacer, ha sido mi lectora en la sombra cada vez que escribía un capítulo.

A Jordi Wild, porque aquel pódcast *The Wild Project #199* me cambió la vida para siempre.

A todos los colegas neurocirujanos que han confiado en mi trabajo a pesar de mi juventud e inexperiencia. Que se han fijado más en mi pasión y mi obsesión por saberlo todo sobre el funcionamiento cerebral, que en la falta de madurez en la toma de decisiones sobre la vida cotidiana. También a los que no. Hoy soy más fuerte y acepto las consecuencias de ir más allá de Broca y Wernicke. No voy a detenerme nunca. Seguiré remando al otro lado del río.

A mis padres, porque lo dieron todo sin pensar en consecuencias de ningún tipo para que yo esté aquí. Donde estoy. Espero haber honrado el esfuerzo que habéis hecho por mí. Gracias, mamá, por haberte quedado a dormir en mi habitación aquellas noches largas de estudio. Gracias, papá, por haber venido una y otra vez a la otra punta del mundo para hacerme feliz y darme tranquilidad con tu compañía. Eres un ser de luz al que admiraré el resto de mis vidas. Por cuidarnos a mamá y a mí.

Notas

1. Preservar las emociones *online*

1. Petermann, T.; Thiagarajan, T. C.; Lebedev, M. A.; Nicolelis, M. A.; Chialvo, D. R.; y Plenz, D., «Spontaneous cortical activity in awake monkeys composed of neuronal avalanches», en *Proceedings of the National Academy of Sciences,* vol. 106, n.º 37 (2009), págs. 15921-15926.

2. El cerebro... ¿Un metasistema en cinco dimensiones?

1. Honey, Christopher J., *et al.,* «Network structure of cerebral cortex shapes functional connectivity on multiple time scales», en *Proceedings of the National Academy of Sciences,* vol. 104, n.º 24 (2007), págs. 10240-10245.

2. Ng, S., Valdes, P. A., Moritz-Gasser, S., Lemaitre, A. L., Duffau, H., y Herbet, G., «Intraoperative functional remapping unveils evolving patterns of cortical plasticity», en *Brain,* 2023.

3. Maier-Hein, Klaus H., *et al.,* «The Challenge of Mapping the Human Connectome Based on Diffusion Tractography», en *Nature Communications,* vol. 8, n.º 1, pág. 1349, 7 de noviembre de 2017.

4. Martín-Fernández, J.; Moritz-Gasser, S.; Herbet, G.; y Duffau, H., «Is intraoperative mapping of music performance mandatory to preserve skills in professional musicians? Awake surgery for lower-grade glioma conducted from a meta-networking perspective», en *Neurosurgical Focus,* 1 de febrero de 2024.

5. Thiebaut de Schotten, M., y Forkel, S. J., «The Emergent Properties of the Connected Brain», en *Science,* vol. 378, n.º 6619 (2022), págs. 505-510.

3. Identificar en vivo los cinco idiomas de una paciente políglota

1. Abutalebi, J.; Miozzo, A.; y Cappa, S. F., «Do subcortical structures control "language selection" in polyglots? Evidence from pathological language mixing», en *Neurocase*, vol. 6, n.º 1 (2000), págs. 51-56.

2. Auburtin, E., «Considérations sur les localisations cérébrales et en particulier sur le siège de la faculté du langage articulé», V. Masson et fils (1863).

3. Broca, P., «Perte de la parole, ramollissement chronique et destruction partielle du lobe antérieur gauche du cerveau», en *Bull Soc Anthropol*, vol. 2, n.º 1 (1861), págs. 235-238.

4. Thiebaut de Schotten, M., *et al.*, «From Phineas Gage and Monsieur Leborgne to HM: revisiting disconnection syndromes», en *Cerebral Cortex*, vol. 25, n.º 12 (2015), págs. 4812-4827.

5. Citado en Brais, B., «The third left frontal convolution plays no role in language: Pierre Marie and the Paris debate on aphasia (1906-1908)», en *Neurology*, vol. 42, n.º 3 (1992), pág. 6.

6. Duffau, H., «The Error of Broca: From the Traditional Localizationist Concept to a Connectomal Anatomy of Human Brain», en *Journal of Chemical Neuroanatomy*, vol. 89 (2018), págs. 73-81.

7. Tate, M. C.; Herbet, G.; Moritz-Gasser, S.; Tate, J. E.; y Duffau, H., «Probabilistic map of critical functional regions of the human cerebral cortex: Broca's area revisited», en *Brain*, vol. 137, n.º 10 (2014), págs. 2773-2782.

4. ¿Existe algo más grande que hacer música?

1. Hall, A. D., y Fagen, R. E., «Definition of System. General Systems», *Yearbook of the Society for Advancement of General Systems Theory*, vol. 1, The Society, Ann Arbor (1956), págs. 18-28.

2. Thiebaut de Schotten, M., y Forkel, S. J., «The emergent properties of the connected brain», en *Science*, vol. 378, n.º 6619 (2022), págs. 505-510.

3. Herbet, G., y Duffau, H., «Revisiting the functional anatomy of the human brain: toward a meta-networking theory of cerebral functions», en *Physiol Rev.*, vol. 100, n.º 3 (2020), págs. 1181-1228.

4. Martín-Fernández, J.; Moritz-Gasser, S.; Herbet, G., y Duffau, H., «Is intraoperative mapping of music performance mandatory to preserve skills in professional musicians? Awake surgery for lower-grade glioma conducted from a meta-networking perspective», *Neurosurgical Focus*, 1 de febrero de 2024.

7. El paciente se ha desconectado

1. Martín-Fernández, J., Moritz-Gasser, S., Herbet, G., y Duffau, H., «Is intraoperative mapping of music performance mandatory to preserve skills in professional musicians? Awake surgery for lower-grade glioma conducted from a meta-networking perspective», *Neurosurgical Focus*, 1 de febrero de 2024.

2. Menon, V., Uddin, L. Q., «Saliency, switching, attention and control: a network model of insula function», *Brain Structure and Function*, 2010, vol. 214, n.º 5-6, págs. 655-667, doi: 10.1007/s00429-010-0262-0.

3. *Ibidem*.

8. Una experiencia extracorpórea

1. Herbet, G., Lafargue, G., y Duffau, H. (2016), «The dorsal cingulate cortex as a critical gateway in the network supporting conscious awareness», *Brain*, vol. 139, n.º 4, e23-e23.

9. La importancia de entender los límites

1. Lee, W. H.; Doucet, G. E.; Leibu, E., y Frangou, S., «Resting-State Network Connectivity and Metastability Predict Clinical Symptoms in Schizophrenia», en *Schizophrenia Research*, vol. 201, n.º 20 (2018).

2. Shirer, W. R.; Ryali, S.; Rykhlevskaia, E.; Menon, V., y Greicius, M. D., «Decoding Subject-Driven Cognitive States with Whole-Brain Connectivity Patterns», *Cerebral Cortex*, vol. 22, n.º 1 (2012), págs. 158-165.

3. Herbet, G., y Duffau, H., «Revisiting the Functional Anatomy of the Human Brain: Toward a Meta-Networking Theory of Cerebral Functions», en *Physiological Reviews*, vol. 100, n.º 3, (2020), págs. 1181-1228.

4. Thiebaut de Schotten, M., *et al.*, «From Phineas Gage and Monsieur Leborgne to H.M.: Revisiting Disconnection Syndromes», en *Cerebral Cortex* (Nueva York, N.Y.: 1991), vol. 25, n.º 12 (2015), 481227. doi:10.1093/cercor/bhv173.

10. Danzar entre los fantasmas de Broca y Wernicke

1. Tremblay, P., y Dick, A. S., «Broca and Wernicke are dead, or moving past the classic model of language neurobiology», en *Brain and Language*, vol. 162 (2016), págs. 60-71.

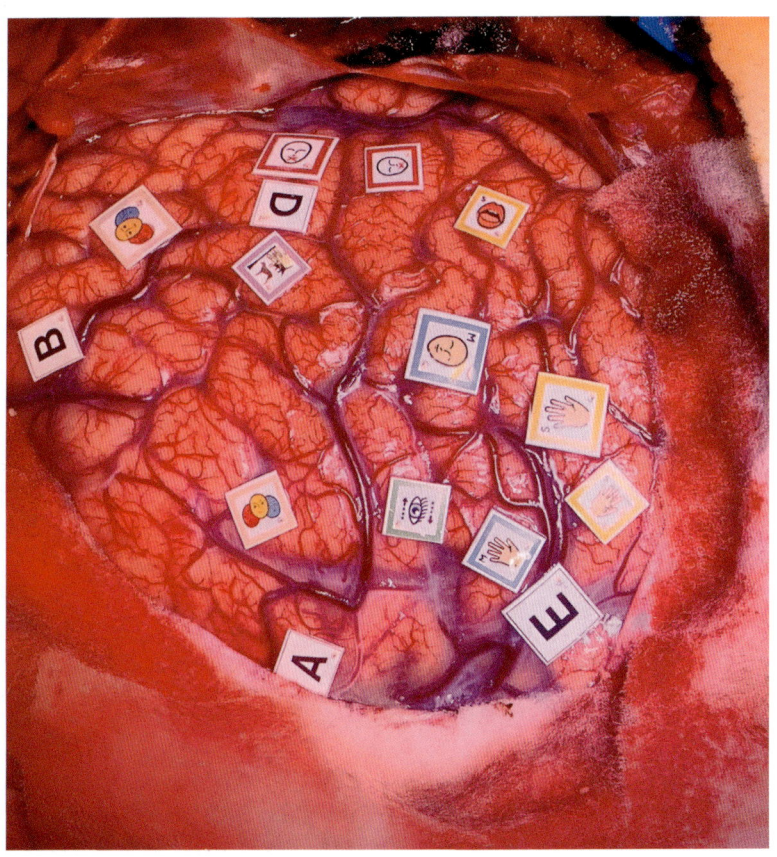

Imagen 1. Se observa el mapa superficial de las regiones críticas de las funciones cerebrales de la paciente, lado derecho del cerebro. Las letras A, B, D y E marcan los límites profundos del tumor. Se pueden observar dos regiones críticas para el procesamiento emocional (etiqueta con tres caras a color), una para la cognición semántica (etiqueta con animales con borde lila), así como para el movimiento (azul) y la sensibilidad corporal (amarillo). Cabe destacar que la etiqueta con borde rosado representa el *ventral premotor cortex* (derecho), donde al estimular se le bloqueaba a la paciente la emisión del lenguaje.

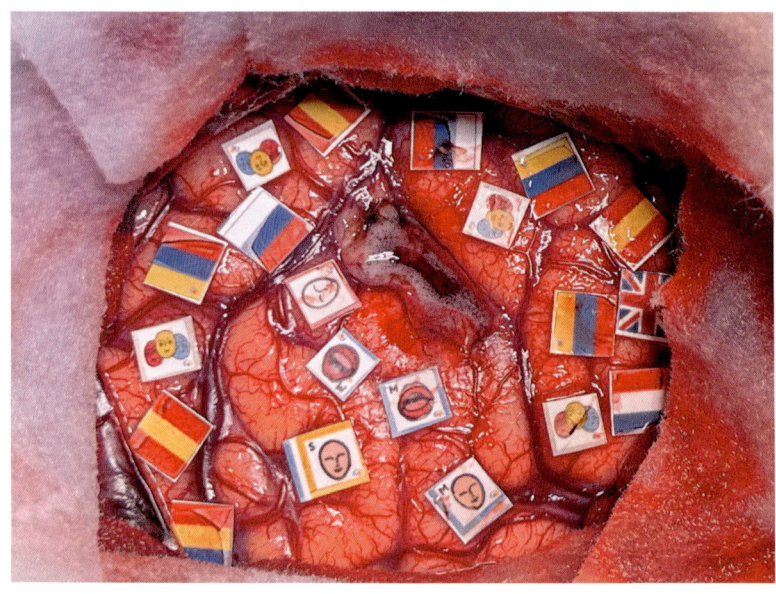

Imagen 2. Mapa de la superficie cerebral (lado izquierdo) de la paciente. Observamos como a lo largo del lóbulo frontal y temporal hay diferentes áreas para cada uno de los cinco idiomas (léxico), así como cuatro regiones críticas para el reconocimiento de emociones. En azul, las regiones críticas para el movimiento y en amarillo para la sensibilidad de la cara. La zona de acceso al tumor fue la supuesta área de Broca, que una vez más no es crítica, sí siendo crítico el *ventral premotor cortex*, que es siempre el punto de partida al desembocar un bloqueo de la emisión del lenguaje.

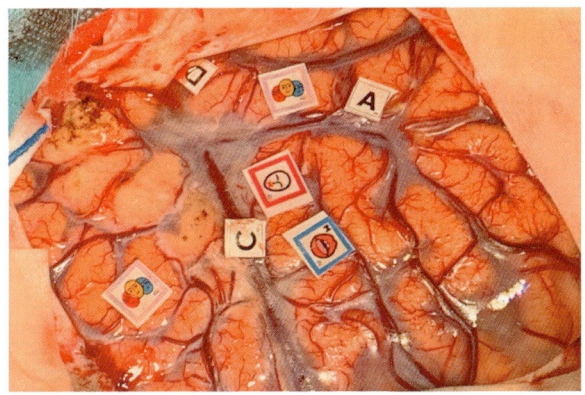

Imagen 3. Mapa superficial con las regiones críticas del hemisferio derecho. Las letras marcan los bordes en profundidad del tumor ubicado en la ínsula. Tras encontrar dos regiones críticas donde al paciente, al estimular, le impedíamos reconocer las emociones, no encontramos otras regiones críticas para funciones cognitivas, pero sí para el movimiento de la boca (azul) y, como siempre, nuestro punto de apoyo para dibujar el mapa: el *ventral premotor cortex* (borde rosado).

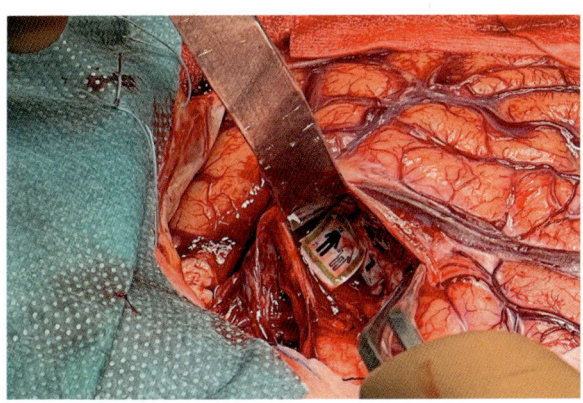

Imagen 4. Vemos dos de los puntos-stop de este paciente. El punto 1 representa el fascículo arcuato, donde el paciente cambiaba una palabra por otra que se le parecía, con dificultades para articular. Al lado, con borde verde, donde el paciente tuvo una desconexión del medio durante unos segundos, probablemente por una distorsión transitoria de la red fronto-parietal durante la estimulación cerca del núcleo caudado (la etiqueta se colocó más arriba para que fuese visible).

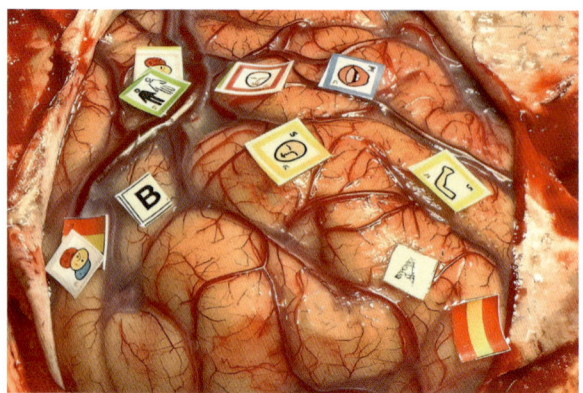

Imagen 5. Mapa superficial de las regiones críticas del paciente (hemisferio izquierdo). Se observa como el lento crecimiento del tumor ha desplazado las funciones hacia fuera. Los límites del tumor vienen marcados por las letras A, B y C. Vemos dos regiones críticas para acceder a las palabras en español y tres regiones críticas para el reconocimiento emocional. Además, vemos la zona crítica del movimiento de la boca y nuestro punto de apoyo, el *ventral premotor cortex*.

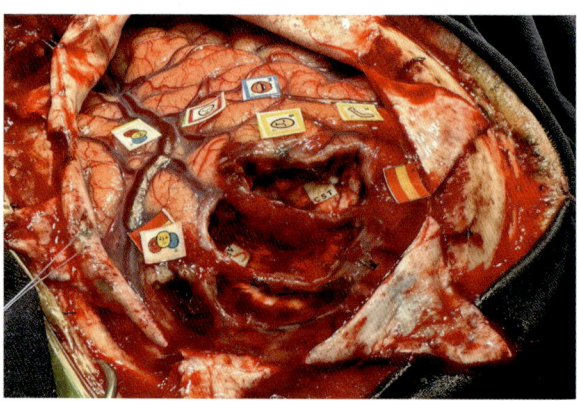

Imagen 6. Imagen tras la resección del tumor y tras haber encontrado los puntos-stop principales. Se observa la cavidad quirúrgica respetando las etiquetas de las regiones críticas y, en el fondo, por un lado el fascículo arcuato (AF), donde el paciente sufría dificultades importantes para nominar objetos o los cambiaba por otros que se parecieran en su pronunciación, y la vía piramidal (cable profundo del movimiento consciente).